BERICHTE ÜBER DIE VERHANDLUNGEN DER SÄCHSISCHEN
AKADEMIE DER WISSENSCHAFTEN ZU LEIPZIG

Mathematisch-naturwissenschaftliche Klasse
Band 104 · Heft 4

HEINRICH PRELL

BEMERKUNGEN ZUR GESCHICHTE DER ENGLISCHEN LÄNGENMASS-SYSTEME

AKADEMIE-VERLAG · BERLIN

1962

BERICHTE ÜBER DIE VERHANDLUNGEN DER SÄCHSISCHEN AKADEMIE DER WISSENSCHAFTEN ZU LEIPZIG

MATHEMATISCH-NATURWISSENSCHAFTLICHE KLASSE

Band 97

Heft 1 Prof. Dr. ERICH STRACK / Beobachtungen über den endogenen Anteil des Kot-Stickstoffs 24 Seiten — 8° — 1949 — DM 2,50 *(vergriffen)*

Heft 2 Prof. Dr. ERNST HÖLDER / Über die Variationsprinzipe der Mechanik der Kontinua 13 Seiten — 8° — 1950 — DM 2,75 *(vergriffen)*

Heft 3 Dr. H. GERSTNER / Dr. H. BAARK / Dr. H. GRAUL / Der Wechselstromwiderstand der Froschhaut 25 Seiten — 8° — 1950 — DM 2,75 *(vergriffen)*

Heft 4 Prof. Dr. HERBERT BECKERT / Existenz- und Eindeutigkeitsbeweise für das Differenzenverfahren zur Lösung des Anfangswertproblems, des gemischten Anfangs-Randwert- und des charakteristischen Problems einer hyperbolischen Differentialgleichung zweiter Ordnung mit zwei unabhängigen Variablen 42 Seiten — 8° — 1950 — DM 9,— *(vergriffen)*

Heft 5 Prof. Dr. HERBERT BECKERT / Über quasilineare hyperbolische Systeme partieller Differentialgleichungen erster Ordnung mit zwei unabhängigen Variablen. Das Anfangswertproblem, die gemischte Anfangs-Randwertaufgabe, das charakteristische Problem 68 Seiten — 8° — 1950 — DM 14,50 *(vergriffen)*

Heft 6 Prof. Dr.-Ing. ENNO HEIDEBROEK / Das Verhalten von zähen Flüssigkeiten, insbesondere Schmierflüssigkeiten, in engen Spalten Nachdruck — 40 Seiten — 24 Abbildungen — 8° — 1952 — DM 5,80 *(vergriffen)*

Heft 7 Prof. Dr. HANS SCHUBERT / Über eine lineare Integrodifferentialgleichung mit Zusatzkern 52 Seiten — 8° — 1950 — DM 9,25 *(vergriffen)*

Heft 8 Dipl.-Phys. HERMAR KRUPP / Bestimmung der allgemeinen Lösung der Schrödinger-Gleichung für Coulomb-Potential 28 Seiten — 8° — 1950 — DM 5,50 *(vergriffen)*

Band 98

Heft 1 Prof. Dr. WALTER SCHNEE / Über magische Quadrate und lineare Gitterpunktprobleme 48 Seiten — 8° — 1951 — DM 4,65 *(vergriffen)*

Heft 2 Prof. Dr.-Ing. ENNO HEIDEBROEK / Über die Beziehungen zwischen Schmierung und Verschleiß bei geschmierter Gleitreibung Nachdruck — 36 Seiten — 5 Abbildungen — 8° — 1954 — DM 2,75

Heft 3 Prof. Dr.-Ing. e. h. KARL KEGEL / Der Salzstock Mirowo bei Provadia in Bulgarien 26 Seiten — 9 Abbildungen — 8° — 1951 — DM 3,— *(vergriffen)*

Heft 4 Prof. Dr. HERBERT BECKERT / Prof. Dr. HANS SALIÉ / Bemerkungen über die Verbiegung hyperbolisch gekrümmter Flächenstücke / Über Abels Verallgemeinerung der binomischen Formel 22 Seiten — 2 Abbildungen — 8° — 1951 — DM 2,25 *(vergriffen)*

Heft 5 Prof. Dr. ERICH STRACK / Die Dauerinfusion als Verfahren zur Erforschung des Kohlenhydratstoffwechsels des Tierkörpers 20 Seiten — 8° — 1952 — DM 2,— *(vergriffen)*

Band 99

Heft 1 Prof. Dr. HEINRICH BRANDT / Über das quadratische Reziprozitätsgesetz 18 Seiten — 8° — 1951 — DM 1,90 *(vergriffen)*

Heft 2 Prof. Dr. GEORG SPACKELER / Der Gebirgsdruck und seine Beherrschung durch den Bergmann 36 Seiten — 12 Abbildungen — 8° — 1951 — DM 1,65 *(vergriffen)*

Heft 3 Prof. Dr. ERNST DIEPSCHLAG / Die Anwendbarkeit der Regelungstechnik in der Hüttenindustrie 38 Seiten — 12 Abbildungen — 8° — 1952 — DM 3,90

BERICHTE ÜBER DIE VERHANDLUNGEN DER SÄCHSISCHEN AKADEMIE DER WISSENSCHAFTEN ZU LEIPZIG

Mathematisch-naturwissenschaftliche Klasse
Band 104 · Heft 4

HEINRICH PRELL

BEMERKUNGEN ZUR GESCHICHTE DER ENGLISCHEN LÄNGENMASS-SYSTEME

AKADEMIE-VERLAG · BERLIN

1962

Vorgelegt in der Sitzung vom 20. Juni 1960
Manuskript eingeliefert am 31. August 1961
Druckfertig erklärt am 14. Februar 1962

Erschienen im Akademie-Verlag GmbH, Berlin W 8, Leipziger Straße 3—4

Lizenznummer: 202 · 100/553/62
Gesamtherstellung: VEB Druckhaus „Maxim Gorki", Altenburg
Bestellnummer: 2027/104/4 · ES 18 B 1 · Preis: DM 4,90

Die englischen Längen- und Wegemaße haben im Laufe der Zeit mancherlei tiefgreifende Änderungen erfahren, welche im wesentlichen durch ganz bestimmte, für die englische Geschichte maßgebende Ereignisse bedingt worden sind. Bei diesen Ereignissen handelt es sich um den in historischer Zeit zu wiederholten Malen eingetretenen Wechsel des jeweils über England herrschenden Bevölkerungsteiles, welcher in unmittelbarem Zusammenhang mit der Unterwerfung und meist auch mit der Überschichtung der bereits ansässigen Bevölkerung durch von außen her hereinbrechende fremde Völker steht. An der Entwicklung des heutigen englischen Längenmaßsystemes sind daher außer den um die Zeitenwende bodenständigen Britanniern noch die Römer, die Sachsen mit ihren Hilfsvölkern und die Normannen beteiligt gewesen. Die ortsbegrenzten Einbrüche der Gallier und der Dänen haben dagegen anscheinend keine nennenswerten, sicher greifbaren Spuren allgemeinen Charakters auf dem Gebiete der englischen Metrologie hinterlassen, und auch der Einfluß handeltreibender Fremdvölker, wie etwa der Phöniker und der Griechen, deren wirtschaftliche und kulturelle Beziehungen zu England längst erwiesen sind, läßt sich auf metrologischem Gebiet noch nicht mit voller Sicherheit erfassen und umreißen.

Sehr bemerkenswert ist es nun, daß es wegen der außerordentlichen Zähigkeit, mit welcher das englische Volk in seiner Gesamtheit und in seinen Teilen an den althergebrachten Maßeinheiten festzuhalten gesucht hat und noch heutigentags festzuhalten sucht, möglich ist, die entscheidenden Wandlungen derselben in großen Zügen aufzudecken. Selbstverständlich kann aber bei einem solchen Vorgehen nicht der Versuch gemacht werden, alle Maßeinheiten zu berücksichtigen, welche an verschiedenen Orten zu verschiedenen Zeiten für verschiedene Zwecke in Gebrauch genommen worden sind, und welche manchmal nur den Anforderungen einzelner Gewerbe Rechnung tragen. Statt sich in einer solchen Fülle zu verlieren, erscheint es vielmehr zweckmäßiger, sich auf wenige Längenmaßeinheiten zu beschränken, welche einen weiteren Geltungsbereich besitzen und welche den Gang der Geschehnisse im Zusammenhange gut erkennen lassen.

Aus diesem Grunde wird die folgende Erörterung sich in erster Linie mit dem Verhalten von drei wichtigen Längenmaßen, nämlich mit dem Verhalten von Fuß *(foot)*, Ackerlänge (Gewende) oder Stadion *(furlong)* und Meile *(mile)*, befassen und dabei andere Maßeinheiten, wie vor allem die Rute *(rod, pole* oder *perch)*, den Stab *(yard)* und den Zoll *(inch)*, insoweit ebenfalls berücksichtigen, als sie für das Verständnis der Zusammenhänge von Bedeutung sind. Zugleich wird sich die Ableitung dann, wenn örtlich verschiedene Angaben über die Länge einzelner Maßeinheiten überliefert sind, nur auf diejenigen stützen, welche maßgebend für den Entwicklungsgang gewesen zu sein scheinen und welche vorwiegend in allgemein gültigen Gesetzen und in amtlichen Dokumenten aufgezeichnet sind. Wenn diese unleugbar etwas willkürliche Bewertung der Überlieferungen erst einmal zu klaren Vorstellungen von dem Zustandekommen des heutigentags legalen, durch Statut festgelegten Längenmaßsystems geführt hat, wird es vielleicht in Zukunft eher möglich sein, auch den Sonderangaben von mehr lokaler Bedeutung erfolgreich nachzugehen, deren Ableitung nicht stets ohne weiteres klar zu Tage liegt, und welche, den Verlauf der Hauptentwicklung formenreich umrankend, den Blick auf das Wesentliche zu verschleiern drohen.

*

Zur Einführung erscheint es angebracht, einige Bemerkungen allgemeiner Art vorauszuschicken, welche den Charakter der weiterhin zu behandelnden Längenmaße aufzuzeigen suchen.

Es unterliegt wohl keinem Zweifel, daß die Längenmessung sich zunächst auf den Vergleich mit dem menschlichen Körper, und zwar im Besonderen mit seinen Gliedmaßen, beschränkt hat. Als tragende Maßeinheit scheint dabei in der Regel die Länge des Vorderarmes (als Ellenmaß) oder des Fußes (als Fußmaß) gedient zu haben. Die nachträgliche Ermittlung der einstmals für Bauwesen, Landwirtschaft und Handwerk tatsächlich verwendeten Maße — durch unmittelbare Ausmessung von überlieferten Gebrauchsmaßstäben oder durch Vermessung von Werkstücken, Bauten, Fluren und anderem, die mit Hilfe solcher Maßstäbe hergestellt, errichtet oder eingeteilt worden sind — reicht aber begreiflicherweise nicht zur Ableitung eines Längenmaßsystemes üblichen Charakters aus, zumal nur ausnahmsweise auch größere Maßeinheiten sich in ähnlicher Weise erfassen lassen.

Angesichts der Tatsache, daß es praktisch so gut wie ausgeschlossen ist, auf rein induktivem Wege, allein durch Messungen und deren Analyse, also durch die Aufklärung von Belegen für die Maßanwendung, zu einem Überblick über irgendwelche Längenmaßsysteme zu gelangen, wird man nach Möglichkeit zu einer Verknüpfung mit den Daten der schriftlichen Überlieferung übergehen.

Wenn das Schrifttum davon berichtet, daß eine heutigentags noch nachmeßbare Strecke, sei es die Länge eines Bauwerks, oder sei es der Abstand zweier festgelegter Örtlichkeiten in der Landschaft, eine bestimmte Zahl von irgendwelchen Längenmaßeinheiten aufweise, dann ist es theoretisch denkbar, durch Nachmessung der beschriebenen Strecke eine Berechnung der benutzten Maßeinheit zu ermöglichen. Letzten Endes darf man allerdings von einem solchen Vorgehen nicht zuviel erwarten, weil einerseits in der Regel die Meßpunkte für die alte Entfernungsangabe nicht genau festgelegt sind, und weil anderseits die Maßangabe selber meist nur als ein Näherungswert angesehen werden darf. Das gilt selbstverständlich auch für die Entfernungsangaben auf nicht genau vermessenen Straßen von Itinerarien und für solche, die sich aus ungenauen alten Karten entnehmen lassen.

Als letztes Hilfsmittel bleibt dann schließlich noch die rein deduktiv vorgehende Auswertung von Maßbeschreibungen mancher Art. Hierher gehören diejenigen schriftlichen Überlieferungen, welche über die Zahl der verschiedenen Maßeinheiten innerhalb des gleichen Maßsystemes berichten, oder welche Maßeinheiten aus verschiedenen Maßsystemen vergleichend miteinander in Beziehung setzen. Obwohl bei solchen Überlieferungen Versehen oder Irrtümer keineswegs ausgeschlossen sind, erscheint es doch verfehlt, ihnen kurzerhand zu mißtrauen oder gar sie deshalb grundsätzlich zu verwerfen. Das gilt ganz besonders in den Fällen, in welchen die Maßübersichten den Charakter von verpflichtenden Gesetzen oder von Hilfsmitteln für Handel und Verkehr besitzen. Sofern in einer solchen Maßtabelle auch nur ein einziges Maß auf Grund von anderen Belegen zahlenmäßig festgelegt werden kann, dann sind damit nicht selten die Zahlenwerte für die anderen aufgeführten Maßeinheiten ableitbar geworden.

Es wurde nun schon eingangs darauf hingewiesen, daß man bei einer ethnologischen Betrachtungsweise in England nach der Zeitenwende mit einem Römischen, einem Britannischen, einem Sächsischen und einem Normannischen Längenmaßsystem zu rechnen habe — ganz abgesehen von den nur örtlich gültigen Maßen oder Maßsystemen ohne allgemeinere Bedeutung. Diese vier volksgebundenen Maßsysteme haben sich aber keineswegs schlagartig abgelöst, sondern sie sind jeweils eine mehr oder weniger lange Zeit nebeneinander in Gebrauch gewesen. Das entspricht den Erwartungen umsomehr, als mit der volksgebundenen Verschiedenheit auch eine Verschiedenheit hinsichtlich der berufsständischen Herkunft der Maße verknüpft zu sein pflegte.

Auf diese berufsständische Herkunft der verschiedenen Maßeinheiten genauer einzugehen, ist hier nicht der Ort, doch erscheint es wünschenswert, wenigstens auf einige der in Betracht kommenden Gesichtspunkte für die Ableitung der Maße hinzuweisen.

Für jede Form des Handwerks liegt es nahe, als „Werkmaß" sich, wie bereits erwähnt, geeigneter Körpermaße zu bedienen, welche durch die Gliedmaßen als naturgegeben anzusehen sind. Der Fuß *(foot)* darf in diesem Falle für England wohl ohne weiteres als das wichtigste Beispiel einer solchen Maßeinheit für Werkzeug und für Werkstück angesehen werden, welche selbstverständlich auch für Längenmaßangaben im Kleinhandel üblich ist.

In der Landwirtschaft steht an erster Stelle offenbar die Maßeinheit für die Ackerlänge. Die Länge dieses „Bodenmaßes" aber ist abhängig von der Leistung, welche man den Pflugstieren beim Umbrechen des Bodens zumuten darf oder zuzumuten pflegt. Für England ist in dieser Hinsicht also die Furchenlänge, der *furlong*, die bedeutungsvollste Maßeinheit.

Beim „Wegemaß" darf als naturgegebene kleinste Maßeinheit wohl die Schrittweite angesehen werden. Daß diese mit dem Einfachen Schritt *(gradus* oder *step*) oder mit dem Doppelschritt *(passus* oder *pace)* gemessen werden kann, daß man also mit zwei grundlegenden Schrittweiten rechnen muß, bedarf keiner Betonung. Die kleinen Maßeinheiten sind hier allerdings nur von geringerer praktischer Bedeutung, während hohe Vielfache derselben, wie etwa die Tausendschrittmeile, vor allem im Heerwesen eine wesentliche Rolle spielen.

Schließlich ist noch der „Griffmaße“ zu gedenken, welche für die Messung von Seilen und von Tuchen ihre wichtigste Verwendung finden. Auch in diesem Falle ist mit zwei gleichgeordneten Maßeinheiten zu rechnen: die einseitige (einfache) Griffweite mit einem Arme (Kleinklafter oder *yard*) ist scharf zu unterscheiden von der beidseitigen (doppelten) Griffweite der beiden Arme (Klafter oder *fathom*). Obwohl sie zunächst aus der Seilerei und Tuchmacherei stammen dürften, sind die Griffweiten außer im Umgang mit Webwaren vor allem auch als Seilmaße in Fischerei und Seefahrt sehr bedeutungsvoll.

Daß diese Maße erst durch Kollektivierung ihrer zunächst individuellen Bindung entzogen und durch anschließende Objektivierung zu konventionell festgelegten Maßeinheiten ausgestaltet werden müssen, liegt wohl auf der Hand. Einen entscheidenden Fortschritt darüber hinaus bedeutet es aber, wenn die auf verschiedener berufsständischer Basis erwachsenen Maßeinheiten mit einander koordiniert werden und sich so zu Maßsystemen zusammenfügen, welche je nach dem Verhalten der wesentlichsten Maßeinheit von verschiedener Natur sein können.

Nach diesen Vorbemerkungen grundsätzlichen Charakters kann nun zur Erörterung der für die Längenmessung in England wichtig gewordenen Maße und Maßsysteme übergegangen werden, wobei die Maßbeschreibung und die Maßanwendung gleichermaßen berücksichtigt werden sollen.

*

Über die Längenmaße, deren sich die alten Britannier vor der Zeitenwende bedient haben, scheinen keine Berichte vorzuliegen. Wenn prähistorische Bauwerke darauf hinweisen, daß bei ihrer Errichtung ein Fußmaß zu Grunde gelegt wurde, welches in die Schwankungsbreite der später als Römischer Fuß bezeichneten Maßeinheit fällt, wie das beispielsweise für die Kultstätte von Stonehenge angegeben wird [1], dann muß zunächst die Frage unentschieden bleiben, ob dieses Längenmaß wirklich schon eine maßkundlich anerkennenswerte Einheit war. Demgegenüber darf man jedoch wohl ohne ernstere Bedenken annehmen, daß die alten Britannier wahrscheinlich noch nicht oder noch nicht allgemein von der Verwendung kollektivierter Körpermaße zum Aufbau eines eigentlichen wohldurchdachten Maßsystemes gelangt waren, als ihnen schon von außen her die Benutzung anderwärts entwickelter Maßsysteme angeboten oder als ihnen bereits die Auseinandersetzung mit solchen aufgezwungen wurde.

Das älteste Längenmaßsystem im eigentlichen Sinne des Wortes, welches man aus Britannien kennt, ist dasjenige der Römer. Während die Erkundungsvorstöße römischer Legionen unter Julius Caesar (55 und 54 v. Chr.) noch keine merkliche Bedeutung für Britannien erlangten, begann ein Jahrhundert später unter Claudius im Jahre 43 n. Chr. die planmäßige Eroberung des Landes durch die Römer und die Eingliederung von England in das Imperium Romanum. Wie allenthalben brachten die Legionen ihr gewohntes Längenmaß mit sich, und des gleichen Maßsystemes bedienten sich zweifellos auch die meisten Kaufleute und Gewerbetreibenden aus dem Mittelmeergebiete, welche ihnen folgten. Wenn die militärisch und kulturell überlegene Besatzungsmacht ein fremdes Maßsystem einführte, dann ist zu erwarten, daß das noch minder entwickelte besetzte Land ohne Bedenken sich diesem Vorbild der Eroberer aus wirtschaftlichen Gründen zunächst anzuschließen suchte.

So ist es denn wohl sicher, daß in Britannien anfangs das Römische Längenmaßsystem, in erster Linie allerdings für militärische und andere amtliche oder wirtschaftliche Zwecke der Besatzungsmacht, zur Verwendung kam. Das tragende Kleinmaß war in diesem Falle der Römische Fuß, dessen Länge bekanntlich im praktischen Gebrauche recht erheblich schwankte [2]. Als Grenzwerte für die Schwankungsbreite seien in Anlehnung an die sonstigen Erfahrungen überschlägig etwa 292 mm und 298 mm angegeben. Da die Römer 625 Fuß auf ihr Stadion rechneten, war dann die Länge des *stadium Romanum* mit rund 182,5 m bis 186,25 m anzusetzen. Die Römische Meile als Wegemaß des Heeres schließlich maß 1000 Doppelschritte *(mille passuum)* je 5 Fuß, also 5000 Römische Fuß oder 8 Römische Stadien; die Schwankungsbreite ihrer Länge betrug demnach schätzungsweise 1460 m bis 1490 m. Als Richtmaß des Römischen Fußes darf im Allgemeinen wohl ein solcher von 296 mm Länge gelten, zu welchem ein Römisches Stadium von 185 m und eine Römische Meile von 1480 m gehört [**3**].

Außer diesen rahmengebenden Längenmaßen sind noch als gebräuchlich zu erwähnen der Finger *(digitus)*, welcher $^1/_{16}$ des Fußes, und der Zoll *(uncia)*, welcher $^1/_{12}$ des Fußes maß, sowie die Handbreite *(palmus)* von jeweils 4 Fingern oder 3 Zoll oder $^1/_4$ Fuß; sie sind zum Teil in entsprechender Form auch in spätere Maßsysteme eingegangen. Weiter wäre noch der *ulna* von 4 Fuß Länge und der *pertica* zu gedenken, welche 10 Fuß lang war und daher gern als *decempeda* bezeichnet wurde; die Namen dieser beiden römischen Maße sind aber später auf Maßeinheiten von anderer Länge übertragen worden.

Aus England scheinen Schrifttumshinweise, aus denen die einstige Gebräuchlichkeit des Römischen Längenmaßsystemes erschlossen werden kann, nur überraschend spärlich vorzuliegen. Eine Ausnahme bilden allerdings die zahlreichen Angaben über die Meilenlänge von Reisewegen, welche im *Iter Britanniarum* des *Itinerarium Antonini* (III. Jh. n. Chr.) aufgezeichnet sind.

Wenn es nun ohne weiteres verständlich ist, daß das Römische Längenmaßsystem in erster Linie im Einflußbereiche der Besatzungsmacht, also des Römischen Heeres, der römischen Verwaltung und des römischen Handels, üblich war, dann ist wohl auch damit zu rechnen, daß seine Gültigkeit weitgehend an das Fortbestehen der Herrschaft von Rom über einen großen Teil Britanniens gebunden war. Diese Vermutung ist aber offenbar nur mit einer wesentlichen Einschränkung richtig. Die römischen Maße waren nämlich auch die Maße der Römischen Kirche und daher ist die Möglichkeit zu berücksichtigen, daß im Zuständigkeitsbereich des christlichen Klerus die alten Maße oder Maßverhältnisse die Römerherrschaft noch lange überleben konnten. Als bekanntester Beleg dafür sei nur die *Certa mensura* genannte Maßzusammenstellung erwähnt, welche in Canterbury um die Wende des XIII./XIV. Jahrhunderts aufgezeichnet wurde, und welche neben alten römischen Angaben schon Zusätze aus späterer Zeit enthält [4].

*

Auf die Dauer konnte die Anwendung fremder Maßeinheiten ein in seinen eigenen Angelegenheiten zäh am Althergebrachten haftendes Volk nicht befriedigen. Es war also unvermeidlich, daß fühlbare Spannungen zwischen den bodenständigen und den eingeführten Maßeinheiten entstanden, welche nach einem Ausgleich zwischen beiden drängten. Aus diesem Grunde entwickelte sich, vermutlich unter weitgehender Anpassung an die eigenen Erfordernisse und

Gegebenheiten, in Britannien ein dem römischen ähnliches eigenes (Römisch-)Britannisches Längenmaßsystem. Dabei spielten sicherlich verschiedene äußere Umstände eine Rolle.

Zunächst fand offenbar in Britannien ebenso, wie das auch anderwärts festgestellt werden konnte, eine gewisse Verkürzung des Römischen Fußes statt. Von den fünf Fußmaßstäben, welche bei Grabungen im Bereich von London aufgefunden worden sind, und welche etwa aus dem Anfang des zweiten nachchristlichen Jahrhunderts stammen, haben zwei eine Länge von nur 292 mm und drei eine solche von 294 mm [5].

Sodann waren augenscheinlich die Britannier, vielleicht durch ältere griechische Handelsbeziehungen beeinflußt, mit der römischen Zerlegung des Stadions in 625 Fuß nicht einverstanden: Ihnen war, ebenso wie den Griechen, offenbar ein Stadion von 600 Fuß lieber. Wie andere Provinzialvölker des römischen Imperiums teilten sie daher das Stadion der Römer in 600 Fuß, wobei sie also von einem auf etwa 292 mm verkürzten Römischen Fuß [6] nach dem Verhältnis (625: 600 =) 25/24 einen Britannischen Fuß von etwa 304 mm Länge ableiteten. Das Britannische Stadion maß dann errechnet rund (600 × 304 mm =) 182,4 m und war somit etwas kürzer, als ein mittleres Römisches von rund (625 × 296 mm =) 185 m; ein Beleg für seine Verwendung konnte mangels einschlägigen Schrifttums nicht ermittelt werden. Die Britannische Meile, welche nach Römischem Vorbilde 5000 Fuß maß, kam dann rechnerisch auf rund (5000 × 304 mm =) 1520 m, war also um ein Geringes länger, als die Römische Meile von rund (5000 × 296 mm) = 1480 m. Obwohl die Gebräuchlichkeit der Britannischen Meile in so früher Zeit, ebenfalls mangels schriftlicher Überlieferungen, nicht unmittelbar belegt werden kann, darf ihr späteres Vorhandensein doch vielleicht zu Gunsten der hier vertretenen Auffassung herangezogen werden.

Von diesen Abwandlungen der römischen Maße und insbesondere der römischen Meile wurde allerdings wohl kaum allgemein Gebrauch gemacht, solange die militärische Macht der Römer unangetastet war und solange der Marsch der Legionen über die Meilenlänge der Straßen zu entscheiden hatte.

Dieser Zustand änderte sich aber bestimmt, als die germanischen Völker während des III. Jahrhunderts allmählich in Bewegung kamen, auch wenn die großen Unruheherde fürs Erste noch fern von

Britannien lagen. Mit dem Einsetzen der eigentlichen Völkerwanderung begann dann Roms Bedeutung sehr schnell abzusinken; nach der Wegverlegung der römischen Legionen und nach der Lockerung der Beziehungen Britanniens zum römischen Imperium, sowie schließlich nach der Eroberung von Rom durch die Westgoten (410 n. Chr.), wurde auch die wirtschaftliche Stellung der Römer in Britannien rasch unhaltbar. Aus dem Jahre 418 ist daher bereits überliefert, daß sie ihr Hab und Gut vergruben oder über den Kanal in Sicherheit zu bringen suchten [7]. Während der Zeit zunehmender Schwäche der Römer wuchs zweifellos der Einfluß der Britannier, und damit kam die eigene Kultur derselben zum Aufblühen und zu ungehemmter Geltung.

Eines (Römisch-)Britannischen Längenmaßsystemes in nachchristlicher Zeit wird im alten Schrifttume anscheinend niemals ausdrücklich oder gar im Zusammenhang gedacht [8]. Nichtsdestoweniger ist mit einem solchen offenbar zu rechnen, denn es ist in das Brauchtum der Allgemeinheit eingegangen und hat sich in Gestalt von Einzelwerten lange noch erhalten, als amtlich längst mit anderem Maß gemessen wurde. Als Baumaß scheint es allerdings erst zu Anfang des zweiten nachchristlichen Jahrtausends eine Rolle zu spielen [9], nachdem die Normannen den Britannischen Fuß in ihr amtliches Maßsystem einbezogen hatten.

Wenn heutzutage der Englische Zoll als *inch* bezeichnet wird, dann leitet sich dieser Name zweifellos von der römischen *uncia* her. Offen bleiben aber muß die Frage, ob derselbe unmittelbar aus dem Lateinischen entlehnt wurde oder ob er auf ein bereits fest eingebürgertes britannisches Lehnwort zurückgeht. Die Tatsache, daß in den angelsächsischen Gesetzen der Zoll als *ynce* bezeichnet wird [10], statt als Daumen *(thumb* oder *pollex)*, weist vielleicht auf britannische Vermittlung hin [11].

Sehr bemerkenswert ist es ferner, daß in der bereits erwähnten Urkunde aus dem Besitz des Domkapitels von Canterbury, welche vermutlich zu Anfang des XIV. Jahrhunderts aufgezeichnet wurde, einer Meile gedacht wird, deren in späterem Maße ausgedrückte Länge umgerechnet 5000 Britannischen Fuß entspricht [12]. Angesichts der Erfahrung, daß anderswärts zu wiederholten Malen die römische Meilenlänge von 5000 Fuß (statt 1000 Schritten) übernommen, aber auf ein anderes Fußmaß, als den Römischen Fuß der Römischen

Meile, bezogen wurde, darf diese Überlieferung als Beweis für die frühere allgemeine Gebräuchlichkeit des Britannischen Fußes bei der bodenständigen Bevölkerung Englands gelten. Hierauf wird weiterhin ausführlicher zurückzukommen sein.

Schließlich darf noch die Aufmerksamkeit darauf gelenkt werden, wie überraschend ähnlich sich die zunächst auf Grund von theoretischen Überlegungen abgeleiteten (römisch-)britannischen Maße und gewisse tatsächlich wohlbekannte englische Längenmaße sind. Am eindrucksvollsten ist das hinsichtlich des Fußmaßes, denn der heutige Englische Fuß (*imperial foot*) von rund 304,8 mm Länge ist offenbar nichts anderes als ein (durch Vergleich mit dem international anerkannten Urmeter von Sèvres) besonders genau berechneter Spezialfall des alten Britannischen Fußes aus der ersten Hälfte des ersten Jahrtausends nach der Zeitenwende. Unter diesen Umständen ist es denn auch selbstverständlich, daß die fünftausendfüßige Englische Meile, deren endgültiges Ungebräuchlichwerden als Landmeile sich zeitlich leider nicht genau erfassen ließ, deren aber ohne Hinweis auf die amtliche Gültigkeitsbegrenzung im Jahre 1824 noch heutigentags in gar manchen deutschen Zusammenstellungen englischer Wegemaße als der *London mile* von rund 1524 m Länge gedacht wird, offenbar nichts anderes ist, als die gewöhnliche alte Meile der Britannier.

*

Im Laufe des dritten oder vierten Jahrhunderts nach der Zeitenwende begannen sächsische Abenteurer gelegentlich Raubzüge nach Britannien zu unternehmen, um in dem reichen, ihrer Heimat gegenüberliegenden Inselland zu plündern. Als dann aber um die Mitte des fünften Jahrhunderts sächsische Krieger gegen die von Norden her andrängenden Pikten und Skoten nach England zu Hilfe gerufen wurden, weil die Römer jegliche militärische Unterstützung der Britannier hatten aufgeben müssen, dauerte es nicht lange, bis diese Hilfstruppen sich im Lande festsetzten (449 n. Chr.). Ihnen folgten schon nach ein paar Jahren ungebeten weitere starke Kräfte der Sachsen, begleitet von Volksteilen anderer Germanenstämme, wie der Angeln und der Euten (Juten), und diese eroberten nunmehr in Kürze einen großen Teil der Insel. Dabei erschlugen oder verjagten sie die Vornehmen und die Grundbesitzer und traten kurzerhand an deren

Stelle, während die übrige Bevölkerung wohl größtenteils im Land verblieb. Es handelte sich also um eine ausgesprochene „Landnahme“ eines Bauernvolkes, bei welcher von den bereits Ansässigen, soweit sie nicht ebenfalls dem Krieg zum Opfer fielen, die Handwerker und die Krämer, sowie die weniger bemittelten Bearbeiter des Bodens und vor allem die in der Viehzucht Tätigen, meist als Hörige oder Knechte, übernommen wurden. Unter diesen Umständen lag es dann nahe, daß die neuen Landesherren nach ihren eigenen Längenmaßen das erbeutete Ackerland unter sich verteilten.

Im Sächsischen Längenmaßsystem trat die Ackerlänge, also die Länge der Ackerfurche, unter dem Namen *furlong* (für *furrow-long*) größenordnungsmäßig an die Stelle des Stadions [**13**]. Dieser *furlong* wurde, wie bei den Britanniern, in 600 Fuß geteilt, von welchen jeweils 3 einen *gyrd* bildeten, also einen *yard*, wie man weiterhin in England sagte, oder einen „Stab“, wie man die Maßeinheit mancherorts in Deutschland später nannte. Jeweils 5 solche *yards (ulnae)* bildeten dann eine Rute, die meist als *rod (pertica)* bezeichnet wurde; es kamen also 40 *rods* oder 200 *yards* auf einen *furlong*. Die Ackerbreite betrug demgegenüber ein Zehntel der Ackerlänge, also nur 4 Ruten von gleicher Unterteilung [**28**].

Entscheidend für das weitere Geschehen war es jedenfalls, daß die Sachsen ihr gewohntes *yard* und zugleich ihr eigenes Fußmaß mitbrachten, welches mit einem Richtmaß von etwa 335 mm Länge erheblich größer war, als das Fußmaß der Britannier. Allerdings war die Anzahl dieser Fuß, welche jeweils auf die nächstwichtigste unter den Einheiten der landwirtschaftlichen Längenmaße, nämlich auf die Rute *(rod)*, kam, manchmal recht verschieden. Das hing unter anderem damit zusammen, daß die Berechnung der Bodenfläche in vielen Fällen dem Bodenwerte oder dem Bodenertrage (oder dem Saatgutbedarfe) angepaßt wurde, daß also beispielsweise eine Rute guten Ackerlandes kürzer war oder weniger Fuß maß, als eine Rute mageren oder waldbestandenen oder aus anderen Gründen minder wertvollen Bodens [**14**]. So ergab sich ganz von selbst, daß in verschiedenen Gegenden Englands verschiedene, gewohnheitsrechtlich festgelegte Rutenmaße üblich waren. Hinzu traten dann bei den handelsüblichen Maßen wohl noch mehr oder weniger zufällige Besonderheiten und erwiesenermaßen auch Abwandlungen, welche in betrügerischer Absicht willkürlich vorgenommen worden waren [**15**].

Daß diese Sachlage allerlei Mißhelligkeiten mit sich zu bringen geeignet war, liegt auf der Hand. Insbesondere nachdem ein engerer Zusammenschluß der bereits kurz nach 800 in ihrer Gesamtheit als Anglia bezeichneten Germanenstaaten auf britannischem Boden unter König Egbert von Wessex (827) erfolgt war, mußte eine Maßvereinheitlichung, zum mindesten für alle die Allgemeinheit angehenden Zwecke, wünschenswert erscheinen.

Von König Eadgar (958—975) wurde daher bei seinem Regierungsantritt eine solche Maßvereinheitlichung vorgeschrieben, welche gleichermaßen „Gemäß und Gewicht" erfaßte [**16**]; bei dieser Gelegenheit wurde vermutlich auch das Längenmaß genormt. Unbeschadet der Frage nach der praktischen Durchführung des Gesetzes [**17**], welchem offenbar kein durchschlagender Erfolg beschieden war, darf dasselbe als eine der Grundlagen für das weitere Schicksal der Maße Englands angesehen werden.

Als Urmaß für das offizielle Einheits-Längenmaßsystem der Sachsenkönige galt nach der Lehrmeinung ein Standard-Yard-Maßstab, welcher zunächst mit den anderen Mustermaßen (für Hohlmaß und Gewicht) zusammen in Winchester aufbewahrt worden sein soll; König Wilhelm dem Eroberer wird nachgesagt, daß er ihn nach Westminster in den Kronschatz *(Exchequer)* der Normannen überführt habe, wo er dann weiterhin verschollen zu sein scheint [**18**].

Abweichend von dem zugehörigen Standard-Maße durchaus nicht verschollen sind dagegen die Namen der sächsischen Längenmaße, welche in sprachlicher Beziehung ihre Herkunft nicht verleugnen können. So haben die Namen *furlong*, *rod*, *yard* und *foot* die Zeit der alten Normung überdauert und sind mit kaum abgewandeltem Inhalt noch heutigentags allgemein gebräuchlich.

Das Fehlen oder der Verlust jeglichen Standard-Maßes zwingt dazu, die Länge der angelsächsischen Längenmaßeinheiten auf anderem Wege zu ermitteln. Als Grundlage darf dabei vielleicht der archäologisch ermessene Fuß herangezogen werden. Von FLINDERS PETRIE ist der Sächsische Fuß mit Recht als eine Erscheinungsform desjenigen Fußmaßes angesprochen worden, welches er als „*northern foot*" bezeichnet hat. Er berichtet darüber, unter Bezugnahme auf den heutigen englischen Zoll als Maßeinheit, in seiner *Inductive Metrology* das Folgende: *Another very usual unit is the* 13.2, *which seems to be that known as the Drusian foot*" und fährt dann fort: „*the*

13.22 *unit, which is the most usual in mediaeval England, is probably a later form of this*"; ein halbes Jahrhundert später spricht er von einem „13.2 *English land measure and mediaeval foot*" [**19**].

Überschlägig wird man also den *Saxon foot* mit errechnet etwa (13,2 × 25,4 =) 335,28 mm ansetzen dürfen. Der ihm nächstverwandte *pes Drusianus* bei den Tungrern in der römischen Provinz Germania Inferior [**20**], von welchem JULIUS HYGINUS berichtet [**21**], maß nach der Überlieferung etwa $1^1/_8$ Römischen Fuß, würde also bei einer mit 296 mm angesetzten Länge des Römischen Fußes eine Länge von etwa 333 mm besessen haben [**22**].

Es wurde bereits darauf hingewiesen, daß augenscheinlich 600 Sächsische Fuß auf eine normale Sächsische Ackerlänge kamen [**22**b], ebenso wie 600 Britannische Fuß auf das Britannische Stadienmaß. Im Schrifttum ist dies leider nicht mit voller Sicherheit belegt; eine im XVII. Jh. mehrfach erwähnte, später aber übergangene Angabe ungenannter Herkunft aus der Zeit von König Heinrich VIII. (1509 bis 1547), derzufolge auf den Furlong 600 Fuß kommen, vermag höchstens den Weg zu weisen [**23**].

Wenn nun, wie bereits erwähnt, auf den Furlong jeweils 40 Ruten kamen, dann betrug die Länge einer Rute 15 Fuß. Diese Rutenlänge, durch welche wiederum die Länge des anerkannten Furlongs bestätigt wird, ist tatsächlich vielerorts in England aus dem XII. und XIII. Jahrhundert überliefert [**24**]; von ihr berichtet überdies schon aus früherer Zeit ohne Ortsangaben ein anonymer Kompilator [**14**]. Es bedarf keiner nochmaligen besonderen Hervorhebung, daß ein *rod* von 15 *feet* weiter in 5 *yards* von je 3 *feet* Länge zerfiel.

Bei einer Länge des Sächsischen Fußes von 335,28 mm maß der Sächsische Furlong errechnet etwa 201,168 m. Der Sächsische *rod* von 15 Fuß maß dann also etwa 5,0292 m und der 3-füßige Sächsische *yard* etwa 1,00584 m. Daß diese errechneten Richtmaße abgerundet werden müssen, um zu den praktisch angewandten Maßen zu gelangen, und daß letztere obendrein eine gewisse Schwankungsbreite aufweisen, ist wohl selbstverständlich [**24**b].

Ein sächsisches Wegemaß von Meilenlänge scheint im alten angelsächsischen Schrifttume noch nicht mit dem sächsischen Furlong in Beziehung gesetzt worden zu sein. Wohl ist im *Domesday-Book* von Meilen und vor allem auch von Leugen zu einer Zeit die Rede, als sächsisches Maß noch überall im Lande üblich war, aber es hat den

Anschein, als ob diese beiden Wegemaße sich nur mit dem alten britannischen Maßsystem unmittelbar in Verbindung bringen lassen [25]. Dieses besondere Verhalten steht in gutem Einklang damit, daß auch die Namen der Wegemaße anderer als sächsischer Herkunft sind.

*

Den letzten Umbruch in der englischen Längenmessung brachte die Unterwerfung von England durch die Normannen mit sich, welche nach einer berüchtigten Zeit des Seeraubs und der Plünderung an den Küsten des mittleren Europa sich um 911 in Nordfrankreich (Neustrien) seßhaft gemacht hatten und nun von hier aus ihre Eroberungszüge weiter fortsetzten.

Nachdem durch die Schlacht bei Hastings (1066) den Normannen die Herrschaft über England zugefallen war, erblickten die Könige Wilhelm I. (1066—1087) und Wilhelm II. (1087—1100) ihre Aufgabe vor allem darin, nach einstweiliger gewaltsamer Befriedigung des Landes durch geeignete Verteilung desselben an ihre Ritter und Parteigänger, sowie durch Ausbau der Verwaltung und des Steuerwesens, sich endgültig in ihrem neuen Reiche festzusetzen. Um diese tiefgreifende Änderung der Verhältnisse der Allgemeinheit möglichst wenig fühlbar zu machen, ordnete daher König Wilhelm I. zunächst ausdrücklich die Beibehaltung der bisherigen Maße und Gewichte an [26].

Mit König Heinrich I. (1100—1135), dem jüngsten Sohne des Eroberers, kam dann ein gewiegter Staatsmann auf den Thron, welcher diese Einstellung aufzugeben für richtig hielt. Offenbar unter dem Eindruck der bei der allgemeinen Landesaufnahme vom Jahre 1086, dem Domesday Survey, besonders klar zu Tage getretenen örtlichen Verschiedenheiten im Vermessungswesen war er zu der Überzeugung gekommen, daß ein allgemein gültiges amtliches Längenmaß für eine einheitliche und straffe Verwaltung des ganzen Landes als eines Lehnsstaates, wie ihn die Normannen anstrebten, dringend nötig war. Er sah sich aber nun augenscheinlich vor die Schwierigkeit gestellt, daß in seinem Lande, abgesehen von allerlei gewohnheitsrechtlich festgelegten und nur lokal gebräuchlichen Besonderheiten, bei einem Teile der bodenständigen Bevölkerung, vor allem bei den Ackerbauern, sächsisches Maß und bei einem anderen Teile der Bevölkerung, vor allem bei den Viehzüchtern, noch britannisches Maß galt. Durch Beseitigung dieser Doppelläufigkeit in der Längenmessung hoffte er offenbar die beiden nach ihrer Herkunft und ihrer bevorzugten Wirtschaftsform, sowie obendrein einst durch Eheverbot, scharf voneinander geschiedenen Volksteile enger miteinander und zugleich auch mit den neu hinzugekommenen Normannen zu verschweißen. So kam es zu der Maßreform von 1101 n. Chr., deren Bedeutung und Tragweite — über ihre Eignung als Grundlage für das Steuerwesen hinaus — seine Zeitgenossen anscheinend kaum erkannten oder gar gebührend würdigten [27].

Als Grundlage seines neuen (Normannisch-)Englischen Längenmaßsystemes wählte König Heinrich I. den Britannischen Fuß, das Maß des Kleinen Mannes im täglichen Gebrauch von Handel und Gewerbe, und hatte so die Aussicht, die Zustimmung des britannischen Teiles seines Volkes ohne weiteres zu gewinnen. Den sächsischen Teil der Bevölkerung glaubte er demgegenüber dadurch gewinnen zu können, daß er den Sächsischen Furlong, das übliche Bodenmaß des sächsischen Ackerbauers, in sein Maßsystem aufnahm.

Nun gab der Vergleich der ermessenen Längen des britannischen Fußes (etwa 12 *inches* = 304,8 mm) und des sächsischen Fußes (etwa 13,2 *inches* = 335,28 mm) ein Verhältnis von rund 10:11. Wenn also der Sächsische Furlong, statt ihn mit 600 Sächsischen Fuß anzugeben, in Britannischen Fuß ausgedrückt werden sollte, dann maß er 600 × 11/10 oder 660 Britannische Fuß, beziehungsweise umgerechnet etwa (660 × 304,8 mm =) 201,168 m [28]. Wenn des Weiteren ein Furlong nach normannischer Normung 660 Britannische Fuß oder 220 Britannische *ulnae (yards)* maß, und wenn auf den Furlong allgemein 40 Ruten gingen [29], dann maß die (Normannisch-) Englische Rute (660:40 =) $16^1/_2$ Britannische Fuß oder $5^1/_2$ Britannische Yards (= 5,029 m). In entsprechender Weise maß, da auf den Yard allgemein 3 Fuß kamen [30], der (Normannisch-)Englische Yard 3 Britannische Fuß (= 914,4 mm).

Um dieses neue Maßsystem seinen eigenen Gefolgsleuten genehm zu machen und diese ohne Schwierigkeiten mit den Maßen auszusöhnen, welche teils von den britannischen und teils von den sächsischen Bewohnern des unterworfenen Landes übernommen waren, ließ König Heinrich offenbar bekannt geben, daß nach altem Brauch die Normung der Maße nach einem Körpermaß des Königs erfolgt sei. Wegweisend mag dabei gewesen sein, daß in Frankreich das Königsmaß der Franken, der *pied de Roi (pied royal, pes regius)*, nämlich angeblich die Fußlänge Kaiser Karls des Großen, als herrschendes Konventionalmaß galt. Von dem neuen Yard, der im Grunde genommen ja nichts anderes als das Dreifache des Britannischen Fußes war, wurde jedenfalls behauptet, daß er von der Armlänge des Königs abgeleitet sei; er war danach angeblich die gemessene Entfernung von der Halsgrube (als der Brustmitte) des Königs bis zur Mittelfingerspitze seines seitwärts ausgestreckten Armes, oder mit anderen Worten die Hälfte der Großen Armspanne (Klafter) des Königs [**31**]. Durch diese wahrhaft salomonische Erklärung (deren Glaubwürdigkeit anzuzweifeln oder nachzuprüfen für keinen Zeitgenossen Veranlassung oder Möglichkeit gegeben war) vermochte es der König, auch den normannischen Teil seines Volkes, also insbesondere seine zu Überheblichkeiten neigende Ritterschaft und ihr Gefolge, zu befriedigen und somit alle drei Volksteile für seine vereinheitlichende Maßreform zu gewinnen [**32**] oder wenigstens einem offenen Widerstande gegen dieselbe vorzubeugen. Zugleich bot sich ihm aber auch die Möglichkeit, die unterbrochene Staffel der bisherigen Längenmaße (geschlossene Staffel von den Kleinmaßen bis zum Furlong, bei einer aus der Reihe fallenden Meile) in eine ganz geschlossene Staffel von den Kleinmaßen bis zur Meile umzuwandeln.

Über die im Jahre 1101 erfolgte Festsetzung der Länge des neuen Yards als Körpermaß des Königs berichtet schon WILLELMUS MALMESBIRIENSIS, ein geschichtsschreibender Mönch aus dem Kloster Malmesbury (Wiltshire), der ein Zeitgenosse von König Heinrich I. war [**33**]. Die sonstigen Gesichtspunkte für die Maßreform werden begreiflicherweise in seiner Geschichte der Englischen Könige nicht berührt; sie sind daher vorerst als Arbeitshypothese anzusehen.

Daß eine Rute *(pertica)* $16^1/_2$ Fuß maß, was mit zu den Kennzeichen des neuen Maßsystemes gehörte, wird bereits im Jahre 1169 angegeben, wie das MORGAN nach einer Urkunde über Ackerland zu Branston in Lincolnshire berichtet [**34**]. Die gleiche Rutenlänge erwähnen um die Mitte des XIII. Jahrhunderts auch WALTER VON HENLEY [**39**] für Kent und ROBERT GROSSETESTE [**43**], der in Lincoln wirkte.

Weitere Zusammenstellungen der von dem normannischen Königshause anerkannten und somit für amtliche Zwecke vorgeschriebenen

Längenmaßeinheiten finden sich in einem Bericht über die Gründung des Gedächtnisklosters *(Abbey of Battle)* auf dem Schlachtfelde bei Hastings (Surrey) [**35**], welche kurze Zeit nach der Eroberung Englands erfolgt war, und ebenso in der zweiten Hälfte der Handschrift *Certa mensura* von Canterbury etwa aus der Zeit kurz nach 1300 [**36**].

Im ersten Falle wird angegeben, daß die *quarenteina* oder *longitudo Acrae*, von welcher 12 auf eine *leuga Anglica* gehen, in je 40 *perticae* zerfällt, und daß jede *pertica* 16 Fuß mißt. Dabei mag dahingestellt bleiben, ob die 16 Fuß als Schreibfehler statt $16^1/_2$ Fuß anzusehen sind, oder ob es sich um ein besonderes Lokalmaß [**37**] handelt, welches die sonst übliche Rutenlänge um 6 Zoll unterschreitet.

Im zweiten Falle heißt es erwartungsgemäß, daß eine *quarentena* 40 *virgatae* mißt (wobei es richtig *virgae* lauten sollte, denn *virga* ist die Rute und *virgata* ist die mit der Rute vermessene Strecke oder Fläche) und daß jede *virga* $16^1/_2$ Fuß lang ist. Zugleich wird angegeben, daß eine Meile $7^1/_2$ *quarentenae*, 3 *virgae* und $^1/_2$ *pes* mißt. Die anschließende Behauptung, daß 2 Meilen eine Leuga bilden, ist offenbar nur ein Zusatz, welcher aus einer anderen, landfremden (wohl französischen) Maßübersicht „*secundum geometriam*" eingefügt worden ist [**38**].

Ein besonderes Interesse bietet die zweite Hälfte der *Certa mensura Cantuariensis* dadurch, daß die in derselben erwähnte 3-füßige Ulna als *ulna communis regni Angliae* und die $16^1/_2$-füßige Virga als *virga communis regia* bezeichnet wird [**39**]. Beide Bemerkungen setzen unverkennbar diese beiden Maße als allgemeingültig mit dem Königtum in Beziehung, lassen also gerade durch diese Ausdrucksweise erkennen, daß irgendwelche nur ortsübliche Maße von solchen königlichen Maßen, oder mit anderen Worten daß die gewohnheitsrechtlich von den gesetzesrechtlich festgelegten Maßen, unter Umständen recht verschieden sind [**40**].

Eine amtliche Übersicht über die Ergebnisse der normannischen Längenmaßreform wird erst in einer abschließenden Erläuterung des *Statutum de Admensuratione Terrae* gegeben, von welchem man früher annahm, daß es aus dem Jahre 1305 stamme [**41**, **42**]. Einige Ergänzungen dazu bietet die Fassung als *Compositio ulnarum et perticarum* [**43**], welche vermutlich einige Jahre später aufgezeichnet wurde. Diese beiden Übersichten der Längenmaße führen zusammengefaßt die folgenden Zahlenverhältnisse an:

longitudo Acrae (*furlong*)	*pertica* (*perch*)	*ulna* (*yard*)	*pes* (*foot*)	*pollex* (*inch*)	*granum hordei* (*barley corn*)
1	40	220	660	—	—
	1	$5^1/_2$	$16^1/_2$	—	—
		1	3	36	(108)
			1	12	36
				1	3

Während hier nur von echten Längenmaßen (aufwärts bis zur Ackerlänge) die Rede ist, wird überraschenderweise die Existenz eines großen Wegemaßes von Meilenlänge überhaupt nicht erwähnt. Diese Tatsache scheint zu besagen, daß die „Meile" damals offenbar nicht allgemein zu den Maßen gerechnet wurde, deren gesetzliche Normung nach dem gebräuchlichen Längenmaß man für unbedingt notwendig hielt [**44**]. In Wirklichkeit dürfte es sich jedoch wohl eher um die Folge einer Schwierigkeit handeln, welche durch die Verwendung des Britannischen Fußes an Stelle des Römischen Fußes entstanden war, und die sich nicht unmittelbar überbrücken ließ.

Jedenfalls war offenbar mit dem Namen *mile* in späterer Zeit keine so bestimmte Zahlen- und Größenvorstellung verbunden, wie sie bei der Wegstrecke von *mille passuum*, also tausend römischen Doppelschritten, ganz selbstverständlich war. Daraus erklärt es sich auch ohne weiteres, daß der Name *mile* gelegentlich für Wegstrecken ganz verschiedener Art (also beispielsweise auch für Leugen) ohne sprachliche Bedenken Verwendung finden konnte.

Nichtsdestoweniger darf daran erinnert werden, daß schon in der Handschrift *Certa mensura Cantuariensis* für eine Meile angegeben wurde, daß sie eine Länge von $7^1/_2$ *quarentenae*, 3 *virgae* und $^1/_2$ *pes* besitze [**45**]. Das ist selbstverständlich keine metrologische Zerlegung in Teilmaße, sondern es handelt sich um die Umrechnung aus einem in ein anderes Maßsystem; und wirklich entsprechen $7^1/_2$ *furlongs*, 3 *perches* und $^1/_2$ *foot* (normannisch-)englischen Maßes dann, wenn man alles in Britannischen Fuß — als $(7^1/_2 \times 660) + (3 \times 16^1/_2) + {}^1/_2$ oder $4950 + 49^1/_2 + {}^1/_2$ — ausdrückt, genau der Länge einer Meile von 5000 Britannischen Fuß.

Außerdem läßt sich durch geeignete Verknüpfung der Angaben in den Überlieferungen von Battle Abbey und Canterbury Cathedral ohne weiteres errechnen, daß 1 (Normannisch-)Englische Meile =

2/3 *leuga Anglica* = $2/3 \times 12 \times 40 \times 16^1/_2$ Fuß = 8×660 Fuß = 5280 Fuß oder 1760 Yard. Von einem besonderen Hinweis auf eine Meile (normannisch-)englischen Maßes ist jedoch nicht die Rede [**46**].

Einstweilen wird man also wohl einen Paragraphen in dem Statut der Königin Elisabeth I. (1558—1603) aus dem Jahre **1593** als die erste amtliche Maßübersicht ansehen müssen, in welcher ausdrücklich die von der Krone vorgeschriebene Länge einer Meile (normannisch-) englischen Maßes angegeben wird. Dort heißt es nämlich, daß 1 Meile mit 8 Furlongs, 1 Furlong mit 40 Ruten und 1 Rute mit $16^1/_2$ Fuß anzusetzen sei [**47**].

Seit dieser Zeit wird die zur Rede stehende Meile des von den Normannen genormten Englischen Maßsystemes gern als *statute mile* bezeichnet. Sie zählt nach dem Gesagten 8 Furlongs = 320 Poles = 1760 Yards = 5280 Fuß; ihre inzwischen nach dem internationalen Metersysteme festgesetzte und für den praktischen Gebrauch genormte Länge beträgt mit 8 Furlongs je 201,168 m insgesamt 1609,344 m. Noch in der Gegenwart spielt dieses Meilenmaß als die gesetzmäßige Britische Meile eine entscheidende Rolle für die englische Wegemessung.

Über die weitere Geschichte dieses wohlbekannten Wegemaßes mögen nur wenige ergänzende Bemerkungen gemacht werden.

Die Tatsache, daß Königin Elisabeth im Jahre 1593 die Länge der Meile im Anschluß an amtliche Daten, welche schon rund 400 Jahre zuvor festgelegt worden waren, ja welche offenbar zum Teil bereits noch rund ein Jahrhundert länger galten, besonders zu sanktionieren für nötig hielt, weist darauf hin, daß es am Ende des XVI. Jahrhunderts mehrere Arten von Wegemaßen gab, die man Meilen nannte. Diese Meilen waren offenbar, wie das in England ja so oft der Fall war, im Volksgebrauche fest verankert und konnten nicht durch eine irgendwie vorgeschriebene Meilenlänge kurzerhand abgelöst werden. Das gilt umsomehr, als offenbar Meinungsverschiedenheiten über den Geltungsbereich des zur Rede stehenden Statuts bestanden [**47**b].

So dürfte es sich erklären, daß noch in OGILBY's *Pocket Book of the Roads* von 1689 nebeneinander Entfernungsangaben in „*Dimensurated Road Miles*“, also *statute miles*, welche der Verfasser des Itinerares als von ihm selbst kontrollierte Maße der wichtigsten Poststraßen planmäßig in den Vordergrund stellt, und in „*Vulgar Computed Miles*“, die er offenbar auf Grund von Schrifttumsangaben oder anderweit erhaltenen Auskünften mehr beiläufig in abgerundeter Form erwähnt, zu finden sind [**48**]. Nach der Zeit von OGILBY kam anscheinend die *statute mile* mehr und mehr in allgemeinen Gebrauch. Wenn also GRUNDY über diese Meile abschließend bemerkt: *It did not become a statutable measure until as late as 1824*, dann bezieht sich das ausschließlich auf die rein formaljuristische Klärung der Meilenlänge [**49**], welche in diesem Jahr zum ersten Male in einem unzweifelhaft allgemeingültigen Gesetz erwähnt und mit Wirkung vom 1. 5. 1825 festgelegt wird [**50**]. Die Entwicklung des englischen Längenmaßsystemes war somit erst zu diesem Zeitpunkt praktisch abgeschlossen.

Die Wegemaße, welche vor der Bestätigung und Durchführung des Gesetzes von Königin Elisabeth lokal üblich waren und welche zum Teil als echte Meilen [**51**], zum Teil aber auch als Leugen [**52**] anzusprechen sind, liegen außerhalb des hier vorgesehenen Rahmens.

Die gesetzliche Festlegung einer geschlossenen Staffel der englischen Längenmaße im Jahre 1824 ließ naturgemäß die Möglichkeit offen, daß diese Staffel späterhin noch weiter ausgestaltet würde und daß daher neben den bereits aufgeführten noch andere Maßeinheiten legalisiert werden könnten. So wurde auf Grund von praktischen Erfahrungen die von GUNTER 1624 für das Vermessungswesen eingeführte *chain* in die Reihe der allgemein gültigen Maße aufgenommen, indem man den *furlong* nicht nur in 40 *rods*, sondern auch in 10 *chains* zu je 4 *rods* zerlegte. Dieser Ergänzung wurde durch den *Weights and Measures Act, 1878*, von Königin Victoria Gesetzeskraft verliehen [**49**].

Darüber hinaus werden in den Anlagen *(schedules)* zu dem Gesetz von 1878 noch einige Längenmaße als *Board of Trade Standards* aufgeführt, nämlich *100 feet* (ohne besondere Bezeichnung), *100 links* als Teilmaße der *chain*, und der *fathom* als Name für *6 feet* oder *2 yards*; daneben wird auch der unbenannnten Zehntel, Zwölftel und Sechzehntel der *inch* als zulässiger Maßeinheiten gedacht [**53** & **53** b].

*

Die vier Längenmaßsysteme, welche seit der Zeitenwende nacheinander in Britannien gebräuchlich waren und deren letztes gegenwärtig gilt, haben eine wesentliche Eigenschaft miteinander gemeinsam: Sie betreffen insgesamt die Längen- und Entfernungsmessung auf dem festen Lande. Es unterliegt keinem Zweifel, daß sie aus diesem Grunde im täglichen Leben die weitaus größte Rolle für Britannien gespielt haben oder heute noch spielen. Es erscheint aber doch notwendig, wenigstens in Kürze darauf hinzuweisen, daß daneben noch eine besondere Längen- und Entfernungsmessung zur See berücksichtigt werden muß.

Bei der Erwähnung der ersten eigenen Meile in Britannien, welche etwa 1524 m maß, wurde bereits darauf hingewiesen, daß diese augenscheinlich von der Römischen Meile unter Beibehaltung der Fußzahl, nämlich 5000 Fuß, aber unter Änderung des Fußmaßes, nämlich durch Wahl des Britannischen Fußes (etwa 304,8 mm) statt des Römischen Fußes (etwa 296 mm) als Grundmaß, abzuleiten sei.

Wenn hier an ähnliche Geschehnisse in anderen Ländern erinnert wurde, dann handelt es sich um die Entstehung der Mittelmeermeile (errechnet etwa 1237,5 m), welche 5000 Fuß des eratosthenischen (oder geometrischen) Maßes (je etwa 247,5 mm), und um diejenige der Atlantischen Meile (errechnet etwa 1375 m), welche 5000 Fuß des (griechisch-) oskischen Maßes (je etwa 275 mm) mißt [**54**]. In beiden Fällen wurde von der Annahme ausgegangen, daß in bestimmten Gegenden zwar die in Rom übliche Zahl von 5000 Fuß je Meile von dort her endgültig übernommen wurde, daß die Fußlänge selber aber derjenigen entspreche, welche bei den einfachen, unwandelbar am überkommenen Geistesgut hängenden Seeleuten und Küstenfischern dieser Gegenden von alters her in täglichem Gebrauche war und welche sich vom Römischen Fuß nicht (oder höchstens vorübergehend im amtlichen Gebrauch) verdrängen ließ. Eine gewisse Sonderstellung gegenüber diesen beiden Seemeilen nimmt die Britannische Meile allerdings insofern ein, als sie zu Lande ebenso wie zu Wasser verwendet worden ist.

Hinsichtlich der Anforderungen, welche an eine Seemeile zu stellen sind, genügte die Englische Meile ohne weiteres für Fischerei und Küstenfahrten von geringerer Erstreckung. Sie versagte erst beim Übergang zur Hochseefahrt und bei dem dadurch notwendig gewordenen Versuche, sich mit zuverlässigen und für solche Zwecke ausreichenden Seekarten auszurüsten.

Nachdem um die Wende des XV. und XVI. Jahrhunderts von Kartographen und von Kosmographen [**55**] erkannt worden war, wie praktisch es für ihre Zwecke war, Entfernungen in Gradminutenmeilen auszudrücken, mußte es nämlich bei den englischen Seefahrern zu Schwierigkeiten in der Nautik kommen, weil die mit der Logge gemessene Wegemeile (also die *London mile* von 5000 Fuß Länge) erheblich kürzer als $^1/_{60}$ Grad des Erdumfanges war.

Dem suchte man zunächst durch einen Kunstgriff bei der Durchführung des Loggens abzuhelfen, der für das Navigieren wohl genügen mochte. Da aber selbstverständlich das objektive Mißverhältnis zwischen den auf der Karte verzeichneten und den vom Schiff zurückgelegten Meilen bestehen blieb, konnte man sich weiterhin der Erkenntnis nicht entziehen, daß für die Seefahrt unter Berücksichtigung der Erdgradlänge eine neue Meile als Maßeinheit geschaffen werden müsse.

Der erste und bahnbrechende Schritt in dieser Richtung ist NORWOOD [**56**] zu verdanken. Er maß die Länge eines Meridiangrades in England, welche er mit etwa 367 200 Englischen Fuß ermittelte, und errechnete daraus eine Gradminute von etwa 6120 Fuß. Diesen Näherungswert rundete er für den praktischen Gebrauch auf 6000 Fuß ab und schuf so eine neue Maßeinheit für die Seefahrt, welche später zum Unterschied von den bisherigen Landmeilen treffend als *Nautical Mile* bezeichnet wurde. In der Folge hat man aber den Gedanken, die unmittelbare Verbindung mit den gebräuchlichen Längenmaßeinheiten in den Vordergrund zu stellen und eine Seemeile willkürlich festzusetzen, welche einer glatten Tausendzahl von Englischen Fuß entsprach, als unzweckmäßig wieder aufgegeben.

Unter Verzicht auf den Englischen Fuß als die tragende Maßeinheit wurde stattdessen die Länge einer Gradminute der Erdoberfläche unmittelbar als Seemeile festgesetzt. Da nun die Länge einer Gradminute verschieden ist, je nachdem ob sie von der Länge eines Äquatorgrades oder eines bestimmten Meridiangrades oder von irgend einem für die mittlere Länge eines Erdgrades errechneten anderen Werte ausgeht, gibt es verschiedene auf dieser Basis aufgebaute oder davon durch Abrundung abgeleitete Meilenlängen, auf welche einzugehen an dieser Stelle nicht erforderlich erscheint [**57**].

Es genügt vielmehr ein Hinweis darauf, daß die gemeinhin als „Seemeilen" *(sea-miles, maritime miles* oder *nautical miles)* bezeichneten neuzeitlichen Maßeinheiten sämtlich wegen ihrer Bezugnahme auf die Erdumfangslänge eine Sonderstellung einnehmen und daher außerhalb des hier zur Erörterung gestellten Entwicklungsganges des zu Lande üblichen englischen Längen- und Wegemaßsystemes stehen [58]. Das Gleiche gilt naturgemäß auch für alle Vielfachen und Bruchteile der Seemeilen, welche irgendwann als nautische Maßeinheiten in Vorschlag gebracht oder in Gebrauch genommen worden sind [59].

*

Als Abschluß der Bemerkungen zur Geschichte der englischen Längenmaßsysteme erscheint es angebracht, die Zusammenhänge zwischen ihnen noch einmal in Tabellenform darzustellen.

In der ersten Übersicht (Tabelle I) sind die wichtigsten Maßeinheiten der verschiedenen Längenmaßsysteme, deren zu gedenken war, nämlich *inch*, *foot*, *yard*, *rod (perch*, *pole*, *lug)* und *furlong* einerseits in ihrem Zahlenverhältnis zueinander und anderseits in ihrer Länge nach heutigem metrischem Systeme wiedergegeben. Als Basis für die Umrechnung ist auch hier, wie bei früherer Gelegenheit, die genormte Länge des Zolls, also 1 *inch* = 25,4 mm, gewählt. Von weiteren Abrundungen wurde in der Regel abgesehen, weil durch dieselben die Übersichtlichkeit der Zahlenverhältnisse zwischen den verschiedenen Richtmaßen nur zu leicht gestört werden kann.

In der zweiten Übersicht (Tabelle II) sind die besprochenen Meilenmaße nebst ihren beiden bedeutungsvollsten Teilmaßen wiedergegeben, also jeweils die zusammengehörigen Maßeinheiten *foot*, *furlong* und *mile*. Beim römischen Maßsystem sind zur besseren Orientierung verschiedene Längen des Römischen Fußes aus dem Rahmen seiner festgestellten Schwankungsbreite nebst den von ihnen abgeleiteten höheren Maßeinheiten zum Vergleich berücksichtigt. Beim britannischen Maßsystem sind nebeneinander der vom Römischen Fuße nur rechnerisch abgeleitete Britannische Fuß und der heutige *imperial foot* angegeben, beide mit ihren in Betracht kommenden Abkömmlingen. Durch Pfeile ist jeweils angedeutet, an welchen Stellen die entscheidende Brücke zwischen den verschiedenen Maßsystemen gelegen ist. Das Zahlenverhältnis der verschiedenen Maße bedarf kaum einer Erläuterung; für die Ableitung der in metrischem Systeme ausgedrückten Längen ist wieder der Zoll von 25,4 mm Länge zu Grunde gelegt.

Obwohl die Angaben über die Länge der verschiedenen Maßeinheiten grundsätzlich nur als Richtwerte anzusehen sind, welche an sich nicht überbewertet werden dürfen, so ist es doch wünschenswert, die errechneten Werte mit genormten Millimeter- und Meterwerten für die englischen Maße in Beziehung setzen zu können. Aus diesem Grunde sind in beiden Tabellen alle diejenigen Maßangaben, welche mit den von der International Standards Organization (ISO) für technische Zwecke im Jahre 1956 empfohlenen Gebrauchswerten der englischen Längenmaßeinheiten übereinstimmen, durch Verwendung anderer Lettern kenntlich gemacht.

Als Ergänzung möge darüber hinaus eine geschlossene Zusammenstellung der in Großbritannien gesetzesrechtlich festgelegten und als *imperial measures of length* ausdrücklich anerkannten Längenmaße in ihren wechselseitigen Beziehungen (Tabelle III) beigegeben werden. Die im Metersystem ausgedrückten gebräuchlichen Werte der einzelnen Maßeinheiten weichen etwas von den im Gesetze angegebenen (seither durch neue Messungen überholten) ab und sind mit dem bereits erwähnten Abrundungswert für die technische Inch errechnet, beziehungsweise von dem technischen Abrundungswert des als *Imperial standard* dienenden Yardmaßes abgeleitet. Daneben aber erschien es angebracht, auch die im englischen Gesetze (1878) festgelegten Umrechnungswerte aufzuführen.

Schließlich sei noch darauf hingewiesen, daß bei den meisten der bisherigen Erörterungen über das Verhalten der englischen Längenmaße nicht genügend Wert auf Form und Ort der urkundlichen Überlieferungen gelegt worden ist. Es erschien daher wünschenswert, diesem manchmal recht störenden Mangel nach Möglichkeit abzuhelfen [**60**]. Daß bei der Wiedergabe von Belegen aus dem alten Schrifttum Abkürzungen in der Regel aufgelöst wurden, erschien im Interesse ihrer Benutzung ebenso wünschenswert und berechtigt, wie eine sinngemäße Zeichensetzung; von der Beigabe von Übertragungen wurde dagegen in der Regel als ersparbar abgesehen.

Tabelle I

Richtwerte und Zahlenverhältnisse britischer Längenmaße (I)	Zoll *inch* (*ynce, thumb*) *uncia* (*pollex*)		Fuß *foot* *pes*				Stab (Kleinklafter) *yard* (*gyrd*) *ulna*			Rute *rod,* (*pole, perch, lug*) *virga* (*pertica*)		Gewende (Ackerlänge) *furlong* *stadium* (*longitudo Acrae*)
	Länge in mm	Zahl je Fuß	Länge in mm	Zahl je Stab	Zahl je Rute	Zahl je Stadion	Länge in mm	Zahl je Rute	Zahl je Stadion	Länge in m	Zahl je Stadion	Länge in m
Römisch (-Italisch)	24,67	12	296	·		625		·				185,00
(Römisch-) Britannisch	25,40	12	304,8	(3)	(15)	600	(914,4)	(5)	(200)	(4,572)	(40)	182,88
(Normannisch-) Englisch	**25,40**	12	**304,8**	3	16,5	660	**914,4**	5,5	220	**5,029**	40	**201,168**
Angel-sächsisch	27,94	12	335,28	3	15	600	1005,84	5	200	5,029	40	201,168

Tabelle II

Richtwerte und Zahlenverhältnisse britischer Längenmaße (II)	Fuß *foot* *pes*				Gewende *furlong* *stadium*		Meile *mile* *miliare*		Gebräuchliche Namen der Meilen
	Länge		Zahl		Länge	Zahl	5000-Fuß-Meile	8-Stadien-Meile	
	in inches	in mm	je Stadium	je Meile	in m	je Meile	in m	in m	
Römisch- (-Italisch)	11,73	298	625	5000	186,25	8	1490	1490	*Roman mile*
	11,65	296	625	5000	185,00	8	1480	1480	
	11,57	294	625	5000	183,75	8	1470	1470	
	11,50	292	625	5000	182,50	8	1460	1460	
					↓				
(Römisch-)	11,98	304,167	600	5000	182,50	(8)	1520,84	(1460)	*London mile*
Britannisch	12,00	304,8	600	5000	182,88	(8)	1524	(1463,04)	
		↓							
(Normannisch-) Englisch	12,00	**304,8**	660	5280	**201,168**	8	(1524)	**1609,344**	*Statute mile*
					↑				
Angelsächsisch	13,2	335,28	600		201,168				

Tabelle III

Imperial measures of length	Länge in mm oder m		Länge in						
	gesetzlich	technisch	inch	foot	yard	rod	chain	furlong	mile
inch	25,399 54 mm	25,4 mm	1						
foot	304,794 mm	304,8 mm	12	1					
yard	914,38 mm	914,4 mm	36	3	1				
rod pole, perch	5,029 11 m	5,029 2 m	198	16,5	5,5	1			
chain	20,116 44 m	20,116 8 m	792	66	22	4	1		
furlong	201,164 37 m	201,168 m	7 920	660	220	40	10	1	
mile	1 609,314 93 m	1 609,344 m	63 360	5280	1760	320	80	8	1

ERLÄUTERUNGEN UND BELEGE

[1] (Zu S. 7)

Für dieses Heiligtum, nicht fern vom heutigen Salisbury, wird ein Fuß von 11,54 bzw. 11,68 *inches*, oder umgerechnet ein solcher von etwa 293, 116 bzw. 296, 672 mm, als Grundmaß angegeben (FLINDERS PETRIE 1877.118 und 1934.5). Die Errichtung des einzigartigen Monumentes wird nach der Untersuchung der Radioaktivität gleichaltrigen Kohlenstoffes schätzungsweise auf 1850 ± 275 v. Chr. angesetzt. Für die Maßberechnung kommt aber erst die bronzezeitliche Umgestaltung etwa aus dem XVI./XV. Jahrhundert v. Chr. (PIGGOTT 1954, ATKINSON 1956) in Betracht.

[2] (Zu S. 8)

Wohl hat es früher auch in Rom einmal einen Fuß von gesetzlich festgelegter Länge gegeben, dessen Standardmaß im Tempel der Juno Moneta aufbewahrt wurde (JULIUS HYGINUS, *De condicionibus agrorum*; vgl. HULTSCH II (Nr. 114) p. 61), aber dieser *pes monetalis* ist längst verschollen, ganz abgesehen davon, daß im Altertum von demselben offenbar nicht allzuviel Gebrauch gemacht worden ist. Durch sorgfältige Vermessung irgendwelcher Bauten und anderer Monumente ist es selbstverständlich möglich, für jeden einzelnen Bau oder jedes einzelne Monument eine Durchschnittslänge des bei seiner Errichtung zu Grunde gelegten Fußmaßes zu ermitteln; so ist es denn schon längst gelungen, auf Längen des Römischen Fußes zu kommen, welche bis zu geringen Bruchteilen von Millimetern errechnet sind. Es ist aber nicht berechtigt, aus solchen Maßen verschiedener Herkunft, auch wenn sie einmal völlig miteinander übereinstimmen sollten, die „richtige" Länge des Römischen Fußes abzuleiten. Man wird vielmehr auf induktivem Wege stets nur zu begrenzt richtigen Ergebnissen gelangen können, welche im Rahmen einer gewissen Schwankungsbreite liegen, und daher ist es vielleicht zweckmäßiger, in solchen Fällen grundsätzlich nur von Richtmaßen zu sprechen, um jeder unbewußten Irreführung vorzubeugen.

[3] (Zu S. 8)

Allerdings muß man wohl mit der Möglichkeit rechnen, daß zur Römerzeit der provinzial-gallische Brauch, die Elle statt des Fußes in den Vordergrund zu stellen und somit das Meilenmaß unter dem Namen *leuga* oder *leuva* auf 5000

Ellen oder 7500 Fuß zu erhöhen, vorübergehend nach Britannien hinübergriff. Es ist also denkbar, daß aus diesem Grunde vielleicht gelegentlich die Verwendung einer Leuge von anderthalbfacher Meilenlänge auch beim römischen Heere in Britannien Verwendung fand. An irgendwelchen Belegen dafür scheint es aber noch durchaus zu fehlen, ebenso wie auch an solchen für die bleibende Einführung des alten gallischen Wegemaßes von 12 Römischen Stadien je Meile (STRABO, *Geographica*, IV. 6.3 = C. 203) vor der Zeitenwende. Dagegen scheinen zum mindesten die um 51 v. Chr. aus dem Artois, den Römern weichend, nach England eingewanderten Atrebaten (KARSLAKE 1920) die gallische Leuge mitgebracht und nach gallischem Brauch als Breite des Vorstadtgürtels (*banleuca*, Bannmeile) um ihre befestigten Städte angewandt zu haben [**25**; **52**].

[4] (Zu S. 9)

Die Handschrift *Certa mensura* zerfällt in zwei inhaltlich sehr verschiedene Abschnitte, von welchen nur der erste auf römischer Grundlage fußt. Dieser Abschnitt, auf welchen allein der überlieferte vollständige Name *Certa mensura pollicis, palmae, pedis, passus et aliorum* paßt, hat den Wortlaut: *Mensura unius pollicis incipit ex transverso radicum unguium pollicis. Quatuor pollices unam palmam faciunt; quatuor palmae unum pedem; pes et dimidius cubitum parvum faciunt; sex parvi cubiti cubitum magnum faciunt; quinque pedes passum faciunt; centum viginti quinque passus stadium unum; octo stadia unum miliare faciunt. Duo miliaria unam leucam complent* . . . (SHEPPARD 1881. 325 b). Diese Maßliste weist einige Abweichungen von den aus dem römischen Schrifttume bekannten Zusammenstellungen auf. Vom Daumen (*pollex*) wird berichtet, daß er von der Daumennagelbreite abzuleiten sei und daß vier Daumen einer Handbreite entsprächen; der Name Daumen wird also ungewohntermaßen für die Fingerbreite (*digitus*) verwendet, statt für den Zoll (*uncia*) als ein Drittel einer Handbreite. Die Maßeinheit *cubitus magnus* ist aus dem Altertume nicht bekannt; sie wird anscheinend zuerst um 1063 von PAPIAS in seinem *Elementarium doctrinae rudimentum* unter dem Namen *cubitus geometralis* erwähnt (DU CANGE, *Glossarium* I. 1840. XLIV; II. 1842. 685b; PAPIAS VOCABULISTA, ed. Venetiis 1496, fol. f 1). Wenn zwei *miliaria* eine *leuca* bilden sollen, dann ist das eine Angabe französischer Herkunft, deren Alter vielleicht daraus erschlossen werden darf, daß anschließend HUGO DE SANCTO VICTORE (1096—1141) als Gewährsmann für eine hier nicht interessierende Notiz über die Archa Noae genannt wird [vgl. **36**; **52**].

Sachlich schließen sich dem ersten Teile der *Certa mensura Cantuariensis* noch zwei aus sehr viel späterer Zeit stammende Maßübersichten an.

Es handelt sich dabei zunächst um eine Überlieferung, welche um das Jahr 1470 aufgezeichnet worden sein soll oder wenigstens in die Zeit von König Eduard IV. (1461—1483) verlegt wird, deren Quelle aber leider nicht angegeben wird und sich bislang auch nicht ermitteln ließ: *V fote make a pase and ther go VIII forelongs to a mile in Yngland, and II ynglysh myle make a ffrenshe leweke* (DE MORGAN 1839, XIII. 376 b; FLINDERS PETRIE 1883. 264).

Etwas vollständiger ist die erste Hälfte der Maßübersicht in ARNOLD's *Customs of London* (um 1502 bzw. 1521), in welcher es heißt: *The lengith of a barly corne III tymes make an ynche, soo that the barly growe in comon soyle, not to leuene too mych compostid, and XII ynches make a fote, and III fote make a yarde; and V quatirs of the yarde make an elle; V fote make a pace, and CXXV pace make a furlong, and VIII furlong make an English myle and XVI furlong make a Frensh leuge* (Edit. 1811, fol. 173; Chap. LX 1 a).

In diesen beiden Zusammenstellungen werden die wesentlichen Angaben der *Certa mensura* über das Verhalten von Fuß, Schritt, Furlong und Meile, allerdings im einen Falle durch einige anderwärts entlehnte Daten über Gerstenkorn, Zoll und Elle etwas ergänzt, als Hinweis auf die Verwendung der römischen Berechnungsweise wiederholt.

[**5**] (Zu S. 10)

Im Besonderen ist zu den 5 römischen Fußmaßstäben aus London, welche dank dem freundlichen Entgegenkommen der Londoner Museen, in denen sie aufbewahrt werden, Berücksichtigung finden konnten, das Folgende zu sagen:

1. British Museum, London W. C. 1; Mus. Cat. Nr. 1951, 10—5, 1; 292 mm Länge (J. W. BRAILSFORD brieflich).
2. Guildhall Museum, London E. C. 2; Mus. Cat. Nr. 18667; 294 mm Länge; Querschnitt rechteckig, 3 × 1,5 mm (NORMAN COOK brieflich).
3. Guildhall Museum, London E. C. 2; Mus. Cat. Nr. 19289; 292 mm; Querschnitt rechteckig 2,5 × 3 mm (N. COOK brieflich).
4. Guildhall Museum, London E. C. 2; Mus. Cat. Nr. 20319; 294 mm; Querschnitt rechteckig, 2 × 2 mm (N. COOK brieflich).
5. London Museum, London W. 8; Mus. Cat. Nr. 29.94; 294 mm (früher 295 mm angegeben) (J. K. MACDONALD brieflich); Abbildung und Beschreibung im Museumskatalog von R. E. M. WHEELER, „*London in Roman Times*“ (1930, 83/84).

Sämtliche Maßstäbe, welche zusammenklappbar sind, bestehen aus Bronze oder Messing. Sie wurden durchweg im alten Bett des Walbrook-Flusses aufgefunden; die 3 Maßstäbe des Guildhall Museum stammen etwa aus der Zeit von 100—120 n. Chr., für die beiden anderen fehlen genauere Angaben. Bei allen Maßstäben sind durch eingeprägte Punkte dreierlei Unterteilungen angegeben, und zwar auf je einer Seite eine solche in 4 *palmi*, in 12 *unciae* oder in 16 *digiti*.

[**6**] (Zu S. 10).

Gegenüber der Annahme von FLINDERS PETRIE: *Probably measures tend to increase and weights to decrease in transmission from time to time or place to place* (1888. 481), der sich McCAW (1939. 236) anschließt, ist Zurückhaltung angebracht.

Der Gedanke, daß bei der Herstellung von neuen Längenmaßstäben in der Regel etwas zugegeben werde, ist zweifellos nicht allgemeingültig. Als neuzeitliches Beispiel für ein gegenteiliges Geschehen sei auf das Verhalten von Zeitschriftenreihen in Bibliotheken hingewiesen; wenn bei diesen stets der letzte Band als Muster für das Einbinden des nächsten gedient hat, dann hat das zur Folge, daß die Bücherreihe fortschreitend an Höhe abnimmt, aber keineswegs zunimmt. Es liegt nahe, ein entsprechendes Geschehen bei der Herstellung von Meßstäben zu vermuten.

[7] (Zu S. 11).

Das *Anglo-Saxon Chronicle* enthält die Angaben:

An. CCCC. IX. Her Gotan abræcon Romeburg. And næfre siþan Romane ne ricsodon on Bretone — oder übertragen: *In this year the Goths took Rome by storm; and never since have the Romans ruled in Britain* (THORPE. London 1861, Vol. I. 16 & Vol. II. 10).

An. CCCC. XVIII. Her Romane gesomnodon al þa goldhord þe on Bretene wæron. And sume on eorþan ahyddon. þæt hie nænig mon siþþan findan ne meahte. And sume mid him on Gallia læddon — oder übertragen: *In this year the Romans collected all the treasures, that were in Britain, and hid some in the earth, that no man might afterwards find them; and conveyed some with them to Gaul* (THORPE, London 1861, Vol. I. 18 & Vol. II. 10).

Über das Ende der Römerherrschaft in Britannien und den Abzug der römischen Legionen unter Mitnahme der waffenfähigen Mannschaft der Britannier berichtet BEDA in der *Historia ecclesiastica gentis Anglorum* (Lib. I, cap. 11, § 27 und cap. 12, § 28—30).

[8] (Zu S. 11).

Die alten Längenmaßsysteme von Irland (O'MAHONY & RICHEY 1873/79) und von Wales (OWEN 1841) haben einen anderen Charakter, als das erschlossene von Britannien, und brauchen daher an dieser Stelle nicht berücksichtigt zu werden (*Ancient Laws of Ireland* III. 335; IV. 277; *Ancient Laws of Wales* I. 90; SEEBOHM 1914). Für sie kann als kennzeichnend gelten, daß sie offenbar nicht unmittelbar durch eine Angleichung an das römische (oder ein griechisches) Längenmaßsystem beeinflußt worden sind. Demgegenüber weist das älteste bekannte Längenmaßsystem von Schottland so weitgehende Übereinstimmungen mit demjenigen von England auf, daß der Zusammenhang zwischen beiden unverkennbar ist [vgl. **44**].

Beiläufig sei an dieser Stelle darauf hingewiesen, daß im *Venedotian Code*, dem alten Gesetzbuch von Nordwales (ca. X. Jahrhundert n. Chr.), bei der Behandlung der Längenmaße (II. 17, V. 5) unter anderem die Staffel 1 Fuß = 3 Handbreiten = 9 Zoll = 27 Gerstenkörner angegeben wird (OWEN, 1841. 90). Wenn man etwa die gleiche Länge der Gerstenkörner voraussetzt, würde also der Welsche Fuß mit 9 Zoll nur dreiviertel des 12-zölligen Sächsischen Fußes messen und somit einem „*natural foot*" [**44**] von etwa 251,21 mm (SKINNER 1951.180) entsprechen. Dieser aber fügt sich zwanglos in die Schwankungsbreite des Eratosthenischen Fußes aus dem Mittelmeergebiete ein.

[**9**] (Zu S. 11).

FLINDERS PETRIE, London 1877. 106.

[**10**] (Zu S. 11).

Bei der Festsetzung des Wergeldes für eine Stichwunde von einem oder mehreren Zoll Länge heißt es beispielsweise im Gesetz von König Aethelberht (860—866) in § 67. 1: *Gyfe [stice] ofer ynce scilling, æt twam yncum twegen, ofer þry III scll'* (LIEBERMANN I, 1903. 7).

[**11**] (Zu S. 11).

Aus der Verwendung des indifferenten Namens *uncia* für das Zwölftel eines Fußes geht wohl einwandfrei hervor, daß die *uncia* eine sekundär abgeleitete Maßeinheit war. Auch das britische Lehnwort *inch* ist demnach der Name für ein abgeleitetes Maß und nicht für ein grundlegendes, wie des öfteren angegeben wird. Es liegt nahe, dasselbe für die entsprechende Maßeinheit der Sachsen anzunehmen, wobei die Bezeichnung als Daumen (*thumb, pollex*) offenbar nur als eine Art von augenfälliger Beschreibung diesem durch Teilung entstandenen Maße beigelegt wurde. Die unsichere Begrenzung einer natürlichen Daumenbreite läßt dabei ohne weiteres erkennen, daß sie nicht als Grundlage eines Maßsystemes angesehen werden darf.

Entsprechendes gilt selbstverständlich in noch höherem Maße von dem Gerstenkorn (*barleycorn, bere corn* [vgl. **28**], *granum hordei*), mit dessen Namen ein Drittel der Daumenbreite zur Erläuterung belegt worden ist. ARNOLD [vgl. **4**] berichtet darüber: *The lengith of a barly corne III. tymes make an ynche, soo that the barly growe in comon soyle not to leuene too much compostid* ... (*Chronicle*, Edit. 1811, fo. 173). Es ist also auch in diesem Falle nicht daran zu denken, daß die Länge eines solchen, je nach den Standortverhältnissen seiner Herkunft erwiesenermaßen recht variabelen Naturobjektes jemals als Basis für den Aufbau eines Maßsystemes eine wesentliche Rolle gespielt haben könnte. Ebenso vermag der Hinweis auf besonders ausgewählte Gerstenkörner, also trockene runde (*Compositio ulnarum* [**43**]) oder aus der Ährenmitte entnommene (ROBERT GROSSETESTE [**43**]), das nicht zu ändern; das trifft auch für die Vorschrift zu, daß von den drei Gerstenkörnern eines Zolles *one should be taken off the middle* *ridge, another off the side of the ridge, and one off the furrow* (COWELL 1684, s. v. *Perch*).

Dieselbe Auffassung wird hinsichtlich des Daumens in eindrucksvoller Weise durch die *Assisa de ponderibus et mensuris* des Schottenkönigs David I. (1124—1153) bestätigt, in welcher es über das Yardmaß heißt: *De ulna. Ulna Regis Dauid debet continere in se XXXVII pollices mensuratas cum pollice trium hominum; scilicet ex magno, ex medio et* [ex] *parvo. Et ex medio pollice hominis debet stare; aut ex longitudine trium granorum boni ordei sine caudis. Pollex autem debet mensurari ad radicem unguis pollicis.* Die landessprachliche Fassung lautet: *þe assize of kyng Dauid of mesuris and wechtis. þe eln. þe eln aw to conteyn in lenth XXXVII inch, met with þe thowmys of III men þat is to say a mekill man and of a man of messurabill statur and of a lytill man bot be þe thoume of a medilkin man it aw to stand or ellis efter þe lenth of III bear cornys gud and chosyn but tayllis. þe thoum aw to be messurit at þe rut of þe nayll* (*Acts of the Parliament of Scotland*, Vol. I, 1844. 309) [vgl. **44**].

Das gebräuchliche Yard (*ulna, eln*) der Schotten maß also 37 mittlere Daumenbreiten, deren Ableitung ohne weiteres ihre Natur als variabeles Körpermaß erkennen läßt. Eine solche Daumenbreite (Zoll) kann nun keine legale Einheit des schottischen Längenmaßsystemes gewesen sein, weil 37 eine Primzahl ist und sich somit von ihr durch Drittelung keine ganze Zahl von Zoll für den Fuß ableiten läßt. Demgegenüber hat CHISHOLM in Edinburgh ermittelt (MCCAW 1939. 258), daß das Schottische Yard als Stabmaß („*ellwand*") 37,0958 Englische Zoll maß, also rund 37 Zoll, wie es ja auch das Gesetz von König David angab. Nach KELLY (1816. 94) soll das Schottische Yard sogar 37,2 Englische Zoll gemessen haben.

Die Natur des 37-zölligen Yards als einer außerhalb der normalen, metrologisch geschlossenen Maßstaffel stehenden „Brauchtumseinheit", insbesondere als *cloth-yard* für die Tuchmessung, wird an anderer Stelle zu erwähnen sein [vgl. **44**].

[**12**] (Zu 11).

DE MORGAN 1839. XIII. 376 b; FLINDERS PETRIE 1884. 264 [vgl. **36**].

[**13**] (Zu S. 13).

Die engen Beziehungen zwischen *stadium* und *furlong* treten besonders eindrucksvoll dann zu Tage, wenn bei der Übersetzung eines lateinischen Textes ins Angelsächsische das eine Wegemaß durch das andere wiedergegeben wird. Als Beispiel kann darauf hingewiesen werden, daß um 900 n. Chr. die angelsächsische Fassung von BEDA's *Historia ecclesiastica* (Lib. I, cap. 25) für den Abstand der Insel Thanet (östlichstes Kent) von der Küste — also für die Breite der sie begrenzenden beiden Mündungsarme des River Stour, — *qui est latitudine circiter trium stadiorum* (Ed. 1838. 53), angibt, *se is þeora furlunga brad* (Ed. 1890. 56).

[**14**] (Zu S. 13).

Hierüber findet sich in der anonymen Schrift *Pauca de mensuris secundum geometricae disciplinae rationem ex voluminibus eruditorum virorum excerpta*, welche von Hultsch den *Excerpta ex Isidoro* zugerechnet wird, das Folgende: § 6. *Perticas autem iuxta loca vel crassitudinem terrarum, prout provincialibus placuit, videmus esse dispositas, quasdam decempedas, quibusdam duos additos pedes, aliquas vero quindecim vel X et VIII* (emend. pro XVII) *pedum diffinitas, ita dumtaxat ut crassioribus terris minores mensuras, sterilioribus maiores tribuissent, prout modiorum numerus incremento frugum unicuique loco sufficeret* (Hultsch II (Nr. 137), 1866. 136) [vgl. **31**].

[**15**] (Zu S. 13).

In den Gesetzen von König Aethelred II. (978—1016) wird beispielsweise gefordert: (V. 24) ... *And let fraudulent deeds ... be earnestly stunned; that is false weights, and wrongful measures* ... und (VI. 32) ... *And let weights and measures be carefully rectified* (Thorpe 1840. 132 & 138).

Ähnliche Bestimmungen sind weiterhin zu wiederholten Malen erlassen worden. Erwähnt sei nur ein Gesetz von König Eduard III. (1327—1377), in welchem es (*Anno 27° Edwardi III.*, Stat. 2 [A. D. 1354]) unter anderem heißt: X. *Item because we have perceived, that some Merchants to buy Wools and other Merchandises by one Weight and sell by another, and make also deceitful Draughts upon the Weight, and also use false Measures and Yards ... We will and establish, that one Weight, one Measure, and one Yard, be through all the Land, as well out of the Staple as within* (*Statutes of the Realm*, Vol. I, 1810. 337).

[**16**] (Zu S. 14).

Im Gesetze von König Eadgar heißt es (III. Eg. § 8. 1): *And gange án gemet and án gewihte, swylce mon on Lundenbyrig and Wintanceastre helde* (Liebermann I, 1903. 204) oder in englischer Übertragung: ... *and let one measure and one weight pass; such as is observed at London and at Winchester* (Thorpe 1840. 114).

Bei der Auswertung dieses Gesetzes fällt auf, daß in demselben außer vom Gewicht bloß vom „Gemäß" schlechthin die Rede ist. Das ist deshalb von Interesse, weil in späteren Gesetzen der dem *gemet* entsprechende Ausdruck *measures* offenbar nur oder doch in erster Linie für das Hohlmaß gilt, dem sich gegebenenfalls der Ausdruck *yard* für das Längenmaß anschließt. Da aber kein Zweifel darüber besteht, daß *gemet* auch für Entfernungsangaben verwendet werden konnte, wie das Zitat „*Betweonan Eferwîc and six mîla gemete*", also „*between York and a distance of six miles*" (Bosworth, *Anglo-Saxon Dictionary* 1898. 416 a), erkennen läßt, darf dieser weitere Geltungsbereich von *gemet* wohl der Lehrmeinung entsprechend auch für das Gesetz von Eadgar zu Grunde gelegt werden.

[**17**] (Zu S. 14).

Über das Vorgehen bei und nach der Eichung ist zu bemerken, daß die durch sorgfältigen Vergleich mit dem amtlich vorgeschriebenen Standard vollzogene Anerkennung der zu prüfenden Meßstäbe sodann durch Markierung mit einem Prägestempel bestätigt und obendrein in bestimmten Zeitabständen kontrolliert wurde, wie das unter anderem aus einem undatierten Erlaß über die Bäcker u. a. aus dem XIII. Jahrhundert hervorgeht: *Statutum de Pistoribus etc.* = ? *Statutum Anno 51° Henrici III.* (*A. D. 1267*) = ? *Statutum Anno 13° Edwardi I.* (*A. D. 1285*): *Standardum busseli,* (*galones*) *et ulnae, sigillo domini Regis ferr*[*e*]*o signentur diligenter et salvo custodiantur . . . et omnes mensurae et ulnae, maiores vel minores, bis in anno videantur et diligenter examinentur* (*Statutes of the Realm*, Vol. I, 1810. 203). Ähnliche Vorschriften sind wiederholt gemacht worden [vgl. **26**].

[**18**] (Zu S. 14).

Aus der Mehrzahl der Fassungen, in welchen der Erlaß von König Eadgar überliefert ist, geht ohne weiteres hervor, daß zu angelsächsischer Zeit Mustermaße in London und in Winchester verglichen werden konnten (LIEBERMANN, Bd. I, 1903. 204/205). Im neueren Schrifttum wird demgegenüber für das *yard* meist nur ein Mustermaß erwähnt, welches zunächst in Winchester aufbewahrt worden sei und welches Wilhelm I. der Eroberer in die Grabkapelle von Eduard (III.) dem Bekenner zu Westminster verbracht haben soll (CHISHOLM 1877. 49). So gelangte das angelsächsische Muster-Yard angeblich in den Kronschatz des normannischen Königshauses und fand daher wohl in der Chamber of the Pyx der Westminster Abbey Aufnahme, aber leider fehlt jeglicher Bericht darüber und über seinen weiteren Verbleib. Für die Angabe: *It was there that the standards were destroyed by a fire at the Houses of Parliament in* 1834 (MC CAW 1939. 254), konnte hinsichtlich eines angelsächsischen Yardmaßstabes ein Beleg nicht beigebracht werden. Von diesem Parlamentsbrande wurde vielmehr nachweislich der (von JOHN BIRD 1760 hergestellte) neue Yardmaßstab betroffen, welcher erst im Jahre 1824 von König Georg IV. als Standardmaß anstelle des alten Yardmaßen der Königin Elisabeth I. legalisiert worden war [vgl. **50**].

Vielleicht ist das alte Londoner Mustermaß schon frühzeitig verschollen, denn im *Quadripartitus* (1114 n. Chr.) heißt es nur: *et* [*una*] *mensura sicut apud Wincestram habetur* (LIEBERMANN l. c.). Dann wäre die Möglichkeit nachprüfenswert, daß dieses Yardmaß von den Normannen nicht verschleppt, sondern nur umstandardisiert (also verkürzt) worden wäre.

[**19**] (Zu S. 15).

FLINDERS PETRIE 1877. 141 & 1934. 6.

[20] (Zu S. 15).

An die Tungri, welche zur Römerzeit im Wesentlichen in der heutigen belgischen Provinz Limburg ansässig waren, erinnern dort die Ortsnamen Tongeren nördlich von Lüttich und Tongerloo nordöstlich davon, sowie Tongerloo wenig westwärts von Limburg im angrenzenden Teile der Provinz Antwerpen.

[21] (Zu S. 15).

Julius Hyginus, *De condicionibus agrorum*, berichtet: *Item dicitur in Germania in Tungris pes Drusianus, qui habet monetalem pedem et sescunciam* (Hultsch II (Nr. 114), 1866. 61). Wenn die Römer nach dieser Angabe von Hyginus (60 v. Chr. —10 n. Chr.) im Nordosten von Gallien ein besonders großes Fußmaß vorfanden, dann lag es für sie vielleicht nahe, demselben nach den die Wahrung der Maße überwachenden Druiden den Namen *pes Druidanus* (oder *pes Drudianus*?) beizulegen. Ob dieser Name von römischen Legionären oder Verwaltungsbeamten mißverstanden und als *pes Drusianus* auf den großen römischen Feldherrn Nero Claudius Drusus († 9 v. Chr.) bezogen werden konnte, muß dahingestellt bleiben. Jedenfalls käme man auf diese Weise von der durchaus unglaubwürdigen Hypothese los, daß ein römischer Feldherr abweichend von dem sonst streng gewahrten Grundsatz, die römischen Maße allenthalben amtlich einzuführen (Dio Cassius, *Historia Romana*, LII. 30. 9), — aus Entgegenkommen „*in a weak moment*" (Mc Caw 1939. 255) — hier ein besonderes, bodenständiges Fußmaß als *pes militaris* (Lelewel 1836. 117) übernommen habe, welches dann sogar nach ihm selbst benannt wurde.

Auf der anderen Seite würde die sprachliche Verknüpfung des zur Rede stehenden Fußmaßes mit den Druiden und die sachlich damit Hand in Hand gehende englische Bezeichnung desselben als *Belgic foot* die Annahme unterstützen, daß es sich bei dem sogenannten *pes Drusianus* um das gebräuchliche Fußmaß der Belger gehandelt habe. Wenn das aber der Fall ist, dann muß damit gerechnet werden, daß die Belger schon bei ihrem Einbruch in England innerhalb des letzten vorchristlichen Jahrhunderts diesen *northern foot* mitgebracht haben, zumal da bei der Anlage der spät-eisenzeitlichen Palisadenbefestigung im Wallsysteme des Mount Caburn (Sussex) offenbar mit demselben gemessen worden ist (Arden-Close 1947. 20/21; Curwen 1954. 234 f.). Seine große Verbreitung und seine historische Bedeutung für die Entwicklung des englischen Längenmaßsystemes erhielt dieses Fußmaß aber schwerlich schon durch den Einbruch der Belger, sondern wohl erst durch denjenigen der Sachsen und ihrer Verbündeten.

Es entspricht weiter durchaus den Erwartungen, daß der *northern foot* gleichermaßen aus Jütland bekannt geworden ist (Hannerberg 1955. 7 & 22). Dort wurde er nicht nur gelegentlich als Maßeinheit für die Ackergröße (beispielsweise auf Byrsted Hede) mit etwa 338 mm Länge errechnet (nach Hatt 1937), sondern auch unmittelbar als Teilmaß auf einem Meßstabe aus dem IV.—III.

Jahrhundert vor der Zeitenwende nachgewiesen (BRÖNDSTED 1936. fig. 5), dessen gesamte Länge 6 Halbfuß von je „etwas mehr als 16,5 cm“ betrug oder 3 *northern feet* von je etwa 330 mm oder 2 Nordische Ellen von je etwa 495 mm oder einen *yard* von reichlich 990 mm.

Dieser Meßstab von Borremose (in West-Himmerland) ist vielleicht auch deshalb sehr bemerkenswert, weil er als Maßeinheit die Länge eines Halbfußes nordischen Maßes zu Grunde legt, welche unter anderem nach dem undatierten Gesetz *De pace in curia regis* (LIEBERMANN I. 1903, 390/391) auch in England einst gebräuchlich war [vgl. **28**] und dort als *shaftment* (von *scaeft-mund* oder „Schafthand“, also eigentlich „Faust mit aufgerecktem Daumen“), bezeichnet wurde.

Mit 80 *shaftments*, welche PLINIUS fälschlich Ellen nannte (*Nat. hist.*, II § 217), hat wahrscheinlich PYTHEAS einst den höchsten Tidenhub an Britanniens Küsten (als etwa 13,2 m) angegeben.

Auf die überraschende Tatsache, daß ein Yard von 6 solchen *shaftments* je etwa 165 mm Länge identisch mit einem aus dem Altertum (z. B. HERODOTUS, *Historiae*, IV. 86) bekannten Klaftermaße ist, und daß das Hundertfache dieser Klafter dem Stadienmaß entspricht, nach welchem PYTHEAS (um 330—325 v. Chr.) den Umfang von Britannien angibt (DIODORUS SICULUS, *Bibliotheca historica*, V. 21. 4; vgl. PRELL 1957. 562), wird an anderer Stelle eingegangen werden.

[**22**] (Zu S. 15).

Das gleiche Fußmaß, und zwar unter einer Längenangabe von 18 Fingerbreiten, welche diejenige für den Römischen Fuß von 16 Fingerbreiten um 2 *digiti* oder $^1/_8$ des Römischen Fußes übertrifft, wird im lateinischen Schrifttume noch zweimal ohne eine besondere Bezeichnung erwähnt (BALBUS, *Mensurarum tabula*, § 2, 7 und ANONYMUS, *Tabula codicis Gudiani* § 10); das darf vielleicht als Hinweis auf die Gebräuchlichkeit dieses Fußmaßes angesehen werden (cf. HULTSCH II (Nr. 129 & 134) 1866. 125 & 129).

Beiläufig sei bemerkt, daß nach denselben beiden Überlieferungen jeweils 12 solche 18-fingerige Fuß eine Rute bildeten (*pertica habet pedes XII digitorum XVIII*), welche offenbar einem *pole* von 12 Sächsischen Fuß und somit dem späteren englischen „*short provincial pole*“ von 13—13$^1/_2$ *imperial feet* (MORGAN 1858. 24) entspricht.

Eine wichtige Rolle spielt das zur Rede stehende Fußmaß im östlichen Mittelmeergebiete, wo es zu hellenistischer Zeit als Philetärischer Fuß bekannt war. Wie dieses Fußmaß, welches LEHMANN-HAUPT nach seiner Herkunft als Babylonisch-Persischen Fuß bezeichnet hat, nach dem Norden gelangte (z. B. SCHMOLLER 1893. 292), scheint noch nicht einwandfrei belegt (HANNERBERG 1955. 7) zu sein. Immerhin dürfte seine neuere Bezeichnung als Keltischer Fuß schon auf einen aussichtsreichen Weg hinweisen.

[**22**b] (Zu S. 15).

Kemble 1848. 99, 1876. 99; Skinner 1951. 943; Davison 1958. 20.

[**23**] (Zu S. 15).

In seinem *Nomolexicon* berichtet Blount (1670, fol. Ii 2) nach der Angabe, daß ein *furlong* 40 *perches* je $16^1/_2$ *foot*, also 660 Fuß, messe, noch ergänzend: *yet I finde in an old Book, Printed in Henry the Eighth's time, That Six hundred Foot, by fivescore to the Hundred, make a Furlong.* Eine entsprechende Notiz, ebenfalls ohne Nennung eines nachprüfbaren Beleges, findet sich im Nomothetes von Cowell & Manley (II. ed. 1684, fol. Ii 1 r), nicht aber schon in Cowell's *Interpreter* (1607; P. Long brieflich).

Als mutmaßlicher Gewährsmann für diese beiden Hinweise ließ sich Richard Arnold (ca. 1450 — ca. 1521) ermitteln, welcher im Schlußabschnitt seiner Maßübersicht (1502) berichtet: *XVI. fote and half makith a perche as is aboue said, that is V. yardis and half; VI. C. fote by five score to the C. makith a furlong, that is XXXVIII. perchis sauf II. fote; VIII. furlong make an English myle that is V. M. fote; and so III. C. and III. perchis also an English myle* (*Chronycle*, Ed, 1811, fol. 173).

Nach dieser Aufzeichnung mißt 1 Furlong 600 Fuß unbenannter Zugehörigkeit, während seine Länge sonst mit 38 Ruten weniger 2 Fuß, also ($38 \times 16^1/_2 - 2 = 627 - 2 = {}^1/_8 \times 5000 = 625$ Britannischen Fuß angegeben wird; der unbenannte Fuß mißt also (625/600 =) 25/24 Britannische Fuß je 304,8 mm = 317,5 mm. Dieser Fuß gehört offenbar in die Schwankungsbreite des Fußmaßes von etwa 12,4 in = 136,738 mm, welches Petrie (1877. 108) als *most usual Saxon unit*, anscheinend gewohnheitsrechtlichen Charakters, bezeichnet [vgl. **11**].

Wenn bei den *six hundred fote* noch bemerkt wird „zu 5 Stiegen je Hundert", dann geschieht das, weil es auch *long hundreds* zu 6 Stiegen oder 120 Einheiten (Stevenson 1893. 57) und darüber hinaus sogar noch *hundreds* (*centenae*) zu 8 Stiegen oder 160 Einheiten gibt (*Anno 31° Edwardi I.* [A. D. 1303], *Stat. at Large*, 1769. 149; em. Stevenson 1893. 55).

[**24**] (Zu S. 15).

Morgan 1858. 20 & 24. Eine Rute von 15 Fuß Länge ist auch aus Deutschland vielfach überliefert.

[**24**b] (Zu S. 15).

Im englischen Schrifttum wird gelegentlich darauf hingewiesen, daß der Gebrauch des nordischen bzw. sächsischen Yard-Maßes, welches als *a yard and the full hand* bekannt gewesen sei, *was suppressed by law in 1439* (Hallock & Wade 1906. 31). Diese Angabe stützt sich auf ein Gesetz von König Heinrich VI.

über den Tuchhandel. In dem *Statutum Anno 18° Henrici VI.* [A. D. 1439] besagt nämlich das Cap. XVI: *There shall be but one Measure of Cloth through the Realm by the Yard and the Inch, and not by the Yard and the Handful, according to the London Measure* (*Statutes at Large*, Vol. I, London 1769. 594). Im normannisch-französischen Wortlaut des Gesetzes ist von *mesurer le drap par la alne & le pous* und von *mesurer par l'alne & la pleyne mayn* die Rede. Hier handelt es sich aber offensichtlich gar nicht um verschiedene Längenmaße, sondern nur um verschiedene Zugaben (sogenannten Verschnitt). Das geht auch aus einem späteren Tuchhandelsgesetz (*Anno 5° & 6° Edwardi VI.* [A. D. 1552]) hervor, welches (in cap. 6, § V) über Tuchballen von 29–31 Yards Länge „*and to every Yard one Inch*" berichtet (*Stat. at Large*, Vol. II. 1770. 441), wobei die *inch* als „*of the standard*" (l. c.) oder „*containing the breadth of a mans thumb*" (CHISHOLM 1877. 52) erläutert wird. Ebenso wird *a certaine rate of cloth that is given aboue measure* von FLORIO (1598 nach MURRAY, VIII. 2, 1914. 597 b) angegeben. Wenn die übliche Zugabe zum Längenmaß weiterhin von FLORIO mit *a handful* (4 Zoll) oder gar mit *a shaft man* (6 Zoll) beziffert wird, dann wirft das kein gutes Licht auf den Erfolg des Gesetzes von 1439.

Unter diesen Umständen überrascht die Angabe in der *Encyclopaedia Britannica* über abgeschaffte Maße: „*The yard and handful or 40 in. ell, abolished in 1439. The yard and inch, or 37 in. ell (cloth measure) abolished after 1553*" (CHANEY & WOOD, 1929. 137). Hier handelt es sich doch eigentlich gar nicht um abgeschaffte Maßeinheiten, sondern um untersagte Handelsbräuche.

Die Tatsache, daß man auch bei der rechtsgültigen Vermessung von Häusern (z. B. ... *7 yards with inches between* [A. D. 1497]) oder Pachtland (z. B. ... *11 yards with an inch interposed* [ab. A. D. 1200] oder ... *6 yards with one inch between every yard* [A. D. 1690]) manchmal Maße mit Zugabe verwendete (STEVENSON 1893. 418; VI & 454), läßt erkennen, mit welchen Schwierigkeiten die induktive Metrologie gelegentlich zu rechnen hat.

[25] (Zu S. 16).

Hierzu bemerkt MORGAN (1858. 26): *In Domesday we find the Leuga or ancient English league of twelve furlongs in common use, and the mile is rarely mentioned.* Als Beleg für die Verwendung der Meile als Maßeinheit weist er dabei auf die Angabe hin: [*Nereforda* ...] *habet I mille in longo et VIII quarentenas in lato* (*Domesday-Book*, Vol. II, 1783. 144). Als Beispiel einer Längenangabe, die in Leugen ausgedrückt ist, sei nur erwähnt: [*Foxle* ...] *habet I leugam in longo et dimidiam in lato* (l. c., Vol. II, 1783. 147), doch wird eine entsprechende Ausdrucksweise sehr häufig angewandt.

Daß unter einer Leuge im *Domesday Book* ein Wegemaß von 12 Quarentenen (bzw. Furlongs) zu verstehen sei, ergibt sich ohne weiteres aus dem Vergleiche zweier einander ergänzender Angaben, auf welche MORGAN (1858. 27, n. 12) hinweist, nämlich: *Ratesdane* ... *habet* XVI *quarentenas in longo* (*Domesday-Book*,

Vol. II, 1783. 381) und: *Rattesdene .. habet I leugam et IIII quadragenarias in longo* (l. c., Vol. IV, 1816. 522 b).

Daß unter einer *mille* dagegen nicht unbedingt eine *mile* von 8 *furlongs* zu verstehen ist, wie man das zunächst erwarten sollte, läßt sich daraus ableiten, daß an der einen der wiedergegebenen Belegstellen (l. c., II. 144) nebeneinander von 1 *mille* und von 8 *quarentenae* die Rede ist, was schwerlich der Fall wäre, wenn beide Längenangaben identisch wären. Als *mille* ist hier somit offenbar ein Wegemaß von 12 *furlongs* anzusehen, woraus hervorgeht, daß in diesem Falle die Bezeichnung *mille* einfach an Stelle von *leuga* verwendet worden ist.

Andere Beispiele für die Erwähnung der Maßeinheit *mille* (l. c., II. 109; 167b; 235b; 237) lassen keine Schlüsse auf den Charakter derselben als Meile oder Leuge zu.

Die Möglichkeit einer Gleichsetzung der Namen *mile* (= *mille*) und *leuga* besteht zweifellos auch angesichts des Hinweises von HARRISON (1577) auf „*the old British mile that includeth 1500 paces English*", welcher bei SEEBOHM (1914. 83) wiedergegeben ist [vgl. **48**]. Hier kann es sich nur um die Leuge handeln, welche zur *London mile* von 5000 englischen Fuß, also 1000 englischen Schritten, gehört.

Damit dürfte zugleich die Frage nach der sogenannten *Old British mile* in vielen Überlieferungen weitgehend geklärt sein, insofern als es sich offenbar um das Anderthalbfache einer gewöhnlichen 5000-Fuß-Meile handelt.

Wenn im neueren Schrifttum demgegenüber die sogenannte *Old British Mile* gelegentlich mit der „*Gallic leuga*" gleichgesetzt wird, dann muß erneut darauf hingewiesen werden, daß bislang noch kein schriftlicher Beleg für die Gebräuchlichkeit der *leuga Gallica*, also eines Wegemaßes von 1500 Römischen Schritten oder 7500 Römischen Fuß, in England, — weder zur Römerzeit noch gar im Mittelalter, — beigebracht worden ist [vgl. **3**; **52**].

Wohl ist die Errechnung einer alten Meile von etwa 2221 m Länge als Maßeinheit für Entfernungsangaben auf alten Meilensteinen in Yorkshire, welche SEEBOHM (1914. 81) auf Grund persönlicher Mitteilungen von BRIGG gelang, zunächst außerordentlich bestechend. Es fehlt aber auch hier jegliche Bestätigung dafür, daß dieses alte Wegemaß wirklich mit der sehr viel älteren gallischen Leuge von rund ($^3/_2 \times 1480$ m =) 2220 m oder von rund ($^3/_2 \times 1619$ *yd* =) 2428 *yards* (KARSLAKE 1931. 358) identisch ist. Ergänzende Zahlenangaben von SEEBOHM (1914. 81, n. 2), welche bei anderen solchen Meilensteinen des gleichen Gebietes (West Riding) auf eine mittlere Meilenlänge von 2355 m führen, verstärken die Bedenken. Und wenn man schließlich beide Meilensteingruppen zusammenfaßt, dann kommt man auf einen Meilenwert von etwa 2288 m, welcher unverkennbar auf Beziehungen zur Leuge der (römisch-britannischen) *London mile*, nämlich ($^3/_2 \times 1524$ m = $7500 \times 304{,}8$ mm =) 2286 m, hinweist.

Als wertvolle Ergänzung dieser Ergebnisse gelang es BRIGG (1913, nach SEEBOHM's Tod), durch zahlreiche (10) Urkunden zu belegen, daß die Aufstellung der Meilensteine erst im Jahre 1700 beschlossen und im Laufe des XVIII. Jahrhunderts durchgeführt wurde; dies und der Nachweis bestätigender Jahreszahlen auf drei solchen Steinen (bei 36 Steinen mit 79 Entfernungsangaben in *customary miles* und einigen mit solchen in *statute miles*) sprechen unbedingt gegen eine Rechnung mit gallischen Leugen.

Von wesentlichem Interesse für die Beurteilung der sogenannten *Old British mile* ist schließlich auch das Itinerar von WILLELMUS DE WORCESTRE (1478), dessen Auswertung durch SEEBOHM (1914. 92) auf die Verwendung einer Meile von etwa 2285 m, also zweifellos wiederum der *London league*, führte.

Obwohl diese Überlieferungen eine gute Übereinstimmung aufweisen, vermögen sie die Frage der *Old Bristish mile* doch nicht vollkommen zu klären. Es ist vielmehr immer noch mit der Möglichkeit zu rechnen, daß bei einem Wechsel des gebräuchlichen Wegemaßes die früher gültige Meile einfach unter dem Namen „Alte Meile“ erwähnt wird, ohne daß dabei stets die gleiche Maßeinheit gemeint zu sein braucht. Als Beispiel hierfür sei auf eine Angabe kartometrischer Herkunft von LYNAM 1944 hingewiesen: *Saxton seems to have employed, whenever possible, the Old English Mile of 2240 yards* (ARDEN-CLOSE 1947. 14); diese Altmeilenlänge würde, wenn sie sich bestätigt, derjenigen der *Irish mile* [vgl. **51**] entsprechen.

Zu einem gleichsinnigen Ergebnis gelangt man, wenn man die Entfernung Dover-Canterbury, welche in alten Überlieferungen mit 12 Meilen angegeben wird (z. B. HIGDEN [ca. 1344], *Polychronicon*, Lib. I, cap. 47, Ed. 1869, Vol. II. 56/57; LELAND [ca. 1535], *Itinerary*, Pt. VIII, Ed. 1908, Vol. IV. 49; ANONYMUS [1544], *Cronycle of yeres*, Ed. 1927. 6) vergleicht mit der 1633 genau ermittelten Entfernung von $15^1/_4$ *statute miles* (KARSLAKE 1931. 359 nach *Calend. State Pap., Dom. Ser., Reign of Charles I.*, 1633—34, p. 56).

[**26**] (Zu S. 16).

Das Gesetz Wilhelms des Eroberers (III § 7) schreibt vor: *Et quod habeant per universum regnum mensuras fidelissimas et signatas, et pondera fidelissima et signata, sicut boni predecessores statuerunt* (THORPE 1840. 212).

[**27**] (Zu S. 17).

Auch in neuerer Zeit wird der Maßreform vom Jahre 1101 kaum gedacht, obwohl die Dürftigkeit der Überlieferung nicht über die Wichtigkeit ihrer Existenz hinwegtäuschen darf.

[**28**] (Zu S. 17).

Es bedarf nach dem Gesagten keiner besonderen Betonung, daß die Ackerlänge als *furlong* für die Maßkunde eine überragende Rolle spielt.

Neben dieser Ackerlänge tritt die Ackerbreite an Bedeutung stark zurück. Nichtsdestoweniger scheint auch sie schon zu sächsischer Zeit als eine Maßeinheit herangezogen worden zu sein, deren Länge den zehnten Teil der normalen Ackerlänge betrug.

In dem Gesetze *De pace in curia regis* aus der Zeit um die Jahrtausendwende wird jedenfalls von dem Radius des Burgfriedensgebietes um das Hoflager des Königs berichtet: *ðæt is III mila and III furlang and III aécera braede and IX fóta and IX scaeftamunda and IX berecorna* (LIEBERMANN, Bd. I. 1903. 390/391). Eine größere selbständige Bedeutung ist diesem Maße aber offenbar nicht beigemessen worden.

Das änderte sich erst, als für die Zwecke des praktischen Vermessungswesens durch EDMUND GUNTER (1624) eine Meßkette von der Länge einer Ackerbreite eingeführt wurde (vgl. GUNTER 1673. 246). Die Länge dieses Meßgerätes gilt seither als Maßeinheit für ein Zehntel der Ackerlänge von 220 *yards* (= 201,168 m) und beträgt unter dem Namen der *surveyor's chain* jeweils 22 *yards* oder 4 *rods* (= 20,1168 m). Die Länge einer solchen *chain* wurde dann in 100 *links* geteilt. Beide Maße, also (*surveyor's*) *chain* und *link*, sind noch heutigentags neben den üblichen Längenmaßen in Gebrauch, und zwar die *chain* sogar als legale, durch königliches Statut von 1878 festgelegte Maßeinheit [vgl. **49**].

Auf andere als *chain* bezeichnete Kettenlängen (z. B. $^1/_4$ Ackerbreite) braucht hier nicht eingegangen zu werden, weil sie längst außer Gebrauch gekommen [z. B. **31**] oder nicht in der üblichen Weise legalisiert worden sind [vgl. **53**].

[**29**] (Zu S. 17).

Die charakteristische Rutenzahl für die Länge eines normalen Ackers bot den Normannen den Anlaß dafür, in lateinischen Urkunden einen Namen aus ihrem mitgebrachten Sprachgut zu verwenden. So bedienten sie sich gern des Ausdrucks *quarentena* (oder *quadragenaria*) als Bezeichnung für das Maß von je 40 Ruten (*quarante perches*), wie das zu wiederholten Malen überliefert ist (z. B. *Monasticon Anglicanum*, N. Ed., III, 1821. 241 b). Dieser normannisch-französische Name *quarentena* hat sich aber auf die Dauer gegenüber dem sächsischen Namen *furlong* für die Ackerfurchenlänge nicht durchzusetzen vermocht. Der Gedanke, daß das Wort *furlong* von *forty long* herzuleiten sei, welcher unter anderem noch von ELLIS (I. 1833. 160) und DE MORGAN (P. C. XIII, 1839. 376) vertreten wird, ist längst als unhaltbar aufgegeben worden. Demgegenüber erläuterte schon SPELMANN (1637. 252) *furlong* als *a furrow longe, hoc est quod longitudine sulci determinatur.*

[**30**] (Zu S. 17).

„*Ulna communis regni Angliae continet tres pedes*" heißt es im zweiten Teile der *Certa mensura Cantuariensis* [vgl. **36**].

[**31**] (Zu S. 18).

Zur Ergänzung sei bemerkt, daß zwischen dem Fuß und dem Furlong zweierlei verschiedene Maßeinheiten im mittelalterlichen England zur Verfügung standen. Für beide verwandte man im praktischen Gebrauch gleichermaßen Maßstäbe, welche offenbar ursprünglich aus gerade gewachsenen Laubholzlohden (bzw. Laubholzschößlingen) geschnitten zu sein pflegten, wie das aus ihren Namen noch hervorzugehen scheint.

Das kürzere dieser beiden Maße, welches insbesondere für die Tuchmessung eine große Rolle spielte, war einheitlich auf eine Länge von 3 Fuß genormt. Dieser „Meß-Stab“ wurde im alten England bekanntermaßen als *gyrd* oder später als *yard,* in lateinisch geschriebenen Urkunden als *ulna,* bezeichnet; gelegentlich wird es wohl auch *ell* oder *eln* genannt. Das Yard ist also ursprünglich der Name eines (von der Nasenspitze oder besser) von der Halsgrube bis zur Mittelfingerspitze reichenden Stückes etwa eines Hasel- oder Eichenschößlings (wie der Meß-Stab von Borremose [vgl. **21**]). Seinem für die Allgemeinheit gültigen Urmaß, welches sich in der Hand des Königs befand, wird gelegentlich die Bedeutung eines Szepters zugeschrieben (MAITLAND 1897. 369; BERNDT 1921. 1; v. ALBERTI 1957. 55).

Das längere der beiden Maße, die „Meß-Stange“, welche sich im alten England einer recht verschiedenartigen Bezeichnung erfreute, wird vielleicht am besten einheitlich mit dem Namen Rute belegt. Diese Rute (*rod* [lat. *virga*], *perch* [lat. *pertica*] oder *pole* [von lat. *palus*], örtlich wohl auch *lug* oder *goad* (*gad*), in Schottland *fall* genannt) spielte für die Feldmessung eine wesentliche Rolle. Sie war beim Gebrauch als gesetzesrechtliche Rute (*statute measure*) auf (15 oder später) $16^1/_2$ *feet* bzw. auf (5 oder später) $5^1/_2$ *yards* genormt, konnte aber in verschiedenen Landesteilen, also als gewohnheitsrechtliche Rute (*customary measure*), etwa von 12 bis 24 *feet* oder von 4 bis 8 *yards* schwanken, wie das von MORGAN (1858, p. 20—24) eingehend dargelegt worden ist. Als Beleg dafür kann das herangezogen werden, was ARNOLD (1502) berichtet: ... *V. yardis dim. make a perche in London to mete lande by, and that perch is XVI. fote dim. longe. In dyuers odur placis in this lande they mete grounde by pollis, gaddis and roddis, som be of XVIII. foote, som of XX. foote and som of XXI. fote in length, but of what length soo euer they be, C. LX. perches make an akir ... and .. a roede lande conteyneth XL. perchis* ... (*Chronicle*, Ed. 1811, fol. 173, *chap. 60,* 1b).

Daß statt der Meßstange von Rutenlänge gegebenenfalls eine Meßschnur (*corde, rope*) verwendet werden konnte, liegt wohl auf der Hand [vgl. **40**]. Auch mit einer „*standard chaine, that is by the chaine of $16^1/_2$ foote*“, *also* mit einer Meßkette von der Länge einer Rute, wurde nach NORDEN (1610. 180) das Land gelegentlich vermessen.

Nur ausnahmsweise wurde der Name *rod* (oder *virga*) im Sinne von *yard* (oder *ulna*) verwendet (MAITLAND 1897. 368) [vgl. **42**]. So berichtet WILLEL-

MUS DE WORCESTRE, daß *quaelibet virga 3 pedes* [*continet*] (Ed. 1778. 282), während *quodlibet brachium continet 6 pedes* (l. c., p. 241) [vgl. **32**].

Entsprechendes besagen alte Urkunden aus Gloucester, in denen von einer *uirga Domini Regis ulnaria* (STEVENSON 1893. 80) die Rede ist, also einer „Meßrute von der Länge einer *ulna*"; unter dieser Bezeichnung aber ist das (eiserne) Standard-Yard von Richard Löwenherz und seinen Nachfolgern zu verstehen [vgl. **42**].

Die Tatsache, daß das Yard zum Fuß in dem festen Zahlenverhältnis 3 : 1 und daß die Rute zur Ackerlänge in dem festen Zahlenverhältnis **1** : 40 steht, weist offenbar auf die Herkunft der beiden Maße hin. Das Yard ist danach ursprünglich ein Werkmaß, die Rute aber ist ein Bodenmaß; ihre lokal zunächst ungleiche Koordinierung wurde erst nachträglich durch statutäre Regelung vereinheitlicht.

[**32**] (Zu S. 18).

Ob die Länge des Yards von König Heinrich I. durch einen besonderen Standard-Yard-Maßstab festgelegt wurde, scheint nicht bekannt zu sein; als wahrscheinlich kann es wohl angesehen werden, auch wenn das Urmaß selbst verschollen ist. Einer besonderen Erwähnung bedarf es aber, daß im Westgate Museum zu Winchester ein bronzener Yardmaßstab von sechseckigem Querschnitt und knapp 16 mm Durchmesser aufbewahrt wird, von welchem man früher annahm, daß er aus der Zeit von König Heinrich I. stamme, und daß er mit dem Buchstaben E am einen Ende und mit dem Buchstaben H am anderen Ende als restandardisiert unter den Königen Eduard I. (1272–1307) und Heinrich VII. (1485–1509) gekennzeichnet sei; zwei Abbildungen in der *Historical Metrology* von BERRIMAN (1953. 169) zeigen, wie die beiden Eichzeichen aussehen. Nach neueren Untersuchungen (F. G. SKINNER 1953) wurde der zur Rede stehende Yard-Maßstab, welcher als der älteste seiner Art in England gilt, in der Zeit von König Heinrich VII. geeicht, worauf das erhöhte lombardische H mit Krone auf der Bronzekappe der einen Seite hinweist, und wurde dann zur Zeit von Königin Elisabeth I. (etwa in den Jahren 1558/88) nachgeeicht, wie das ebenfalls erhöhte römische E auf der entgegengesetzen eisernen Endkappe anzeigt (FR. COTTRILL 1959. 3).

Bemerkenswert ist die binäre Unterteilung des Yards in $^1/_2$ (18 *inches* = 1 *cubit*), $^1/_4$ (9 *inches* = 1 *quarter* = 1 *span*), $^1/_8$ ($4^1/_2$ *inches* = 1 *finger*), $^1/_{16}$ ($2^1/_4$ *inches* = 1 *nail*) und $^1/_{32}$ ($1^1/_8$ *inches*), welche seinen Charakter als Standard für die Tuchmessung erkennen läßt.

Da neben dem Yardmaßstabe von Winchester noch drei weitere solche in der Tudorzeit geeichte Standard-Yard-Endmaßstäbe erhalten geblieben sind, erscheint es angebracht, einige Angaben über dieselben, vorwiegend in Anlehnung an SKINNER (1952. 182), wiederzugeben.

1. *Westminster Exchequer Standard Yard* von König Heinrich VII. Achtkantiger Bronzestab von 1490 bzw. 1497; Unterteilung binär und uncial. Länge: 1 Imperial Standard Yard, verkürzt um 0,037 in (bzw. 0,94 mm). Bedeutung: Nicht als Standard benutzt nach CARYSFORT 1758 (*Reports* 1803.434). Abbildung: CHISHOLM 1877, p. 51. Aufbewahrung: Science Museum, South Kensington, London S. W. 7 (Mus. Inv. No. 1931—984).
2. *Westminster Exchequer Standard Yard* von Königin Elisabeth I. Vierkantiger Bronzestab von 1588; Unterteilung binär und uncial. Länge: 1 Imperial Standard Yard, verkürzt um 0,01 in (bzw. 0,25 mm). Bedeutung: Als Standard dienend nach CARYSFORT 1758. Abbildung: CHISHOLM 1877, p. 51 & 52. Aufbewahrung: Science Museum, South Kensington, London S. W. 7 (Mus. Inv. No. 1931—985).
3. *Winchester Standard Yard.* Sechskantiger Bronzestab; Alter unbekannt (angenommenermaßen ältestes Standard Yard); geeicht unter Heinrich VII. (1487) und Elisabeth; Unterteilung binär (F. COTTRILL brieflich). Länge: 1 Imperial Standard Yard, verkürzt um 0,04 in (bzw. 1,0 mm). Abildung: BERRIMAN 1953, p. 169. Aufbewahrung: Westgate Museum, Winchester.
4. *Merchant Taylors' Standard Yard.* Eisenstab in zylindrischer Silberhülse; Alter unbekannt[1]). Geeicht unter Heinrich VII. Unterteilung binär (E. JAMES brieflich). Länge: 1 Imperial Standard Yard, verlängert um 0,006 in (bzw. 0,15 mm). Aufbewahrung: The Merchant Taylors' Hall, London E. C. 2.

Die überraschend geringe Anzahl von erhalten gebliebenen Standard-Maßstäben aus älterer Zeit mag zum Teil darauf zurückzuführen sein, daß die überkommenen Maße nicht nur durch die neue gesetzliche Normung außer Kurs gesetzt wurden, sondern daß beispielsweise im Gesetz *For Weights and Measures* (*Anno 12° Henrici VII.*, cap. V [A. D. 1496)] bestimmt wurde, die veralteten amtlichen Mustermaße müßten bis zum Jahresende 1497 *damned and broken* sein (§ 12).

Wenn von den vier erwähnten alten englischen Yardmaßstäben zwei insofern eine Sonderstellung einnehmen, als sie nur binär unterteilt sind, dann dürfte sich das durch ihren mutmaßlichen Verwendungszweck, nämlich als Werkzeug für die Tuchmessung, erklären lassen.

Die verschiedenen durch fortgesetzte Halbierung vom *cloth-yard* abgeleiteten Teilmaße scheinen wegen ihrer Beziehbarkeit auf bestimmte Körpermaße noch keineswegs ausgestorben zu sein. Ganz abgesehen davon, daß man zur Messung des Viertel-Yards (*quarter*) sich gern der Handspanne (*span*) bedient, wird näm-

---

[1]) *The inventory of 1512 refers to „Item, a yerd of sylver and an other of iron", and extracts from the Accounts of 1455/6 show payment being made for the „tynnyng of the standard Metyerd"* (nach freundlicher Auskunft von Mr. EVAN JAMES, Clerk of the Merchant Taylors' Company [vgl. auch Abb.: CLODE 1875. 114]).

lich auch berichtet, daß *women constantly measure linen approximately by the length of the bent middle finger*, und daß als Halbfinger oder *nail* praktisch *the last two joints of the middle finger* gelten (NICHOLSON 1912. 58). Eine Legalisierung durch königliches Statut haben diese Maße des täglichen Gebrauches nie erfahren. In Ortsgesetzen sind sie aber gelegentlich aufgezeichnet worden: *An English yard contains thirty-six inches. Two-and-one-quarter inches make one nail; four nails, one quarter; and four quarters one yard* (CLELAND 1821. 5).

Daß auch die Klafter (*fathom*) als das Doppelte des Yards in diese Reihe gehört, sei nur beiläufig erwähnt. Die Verwendung des Doppelyards im Tuchhandel wird schon von Richard Löwenherz (*Anno 8° Ricardi I.* [A. D. 1197]) vorgeschrieben mit den Worten: *omnes mensurae totius Angliae sint eiusdem quantitatis* und weiter *lanei panni ubicunque fiant, fiant eadem latitudine scilicet de duabus ulnis infra lisuras* (*Hovedeni Chronica*, Ed. 1871. 33). Das wird des Weiteren in der *Magna Carta Anno* 9° *Henrici* III., *cap. XXV* [A. D. 1225] und *Anno* 25° *Edwardi* I., *cap. XXV* [A. D. 1297]) bestätigt, wo es über die Vereinheitlichung der Maße heißt: ... *et una latitudo pannorum tinctorum Russettorum et Haubergettorum, scilicet duae ulnae infra listas* (*Statutes at Large, ed. Ruffhead*, Vol. I, 1769. 7).

Da ein jetzt im Science Museum befindlicher Ellen-Maßstab aus der Zeit von Königin Elisabeth I. (*Mus. Inv.* Nr. 1931–986 bzw. –987) eine Länge von 45 Zoll besitzt (CHISHOLM 1877. 53), darf beiläufig darauf hingewiesen werden, daß ein schriftlicher Beleg für diese nur gewohnheitsrechtlich, aber nicht gesetzesrechtlich eingeführte Maßeinheit bei ARNOLD in seiner Chronik (1502) zu finden ist. Dort wird nämlich berichtet, daß *V quatirs of the yarde make an elle* [vgl. **4**], daß eine Elle also ($^5/_4 \times 36 =$) 45 *inches* mißt und somit der wohlbekannten *English ell* oder *Weaver's ell* entspricht [vgl. **44**].

Die hier unmißverständlich ausgedrückte, scharfe Trennung von *yard* und *ell* läßt es bedauerlich erscheinen, daß in Übersetzungen alter englischer Gesetze oder sonstiger Schriftwerke das Wort *ulna* meist kurzerhand mit *ell* übertragen wird, statt mit *yard*.

[**33**] (Zu S. 18).

WILLELMUS MALMESBIRIENSIS (ca. 1095–1143) berichtet in seinem Buche *De gestis regum Anglorum* (Lib. V, § 411 [A. D. 1101]) über König Heinrich I. (Henry Beauclerc) unter anderem: *Mercatorum falsam ulnam castigavit, brachii sui mensura adhibita omnibusque per Angliam proposita* (Ed. STUBBS, Vol. II, London 1889. 487).

Späterhin wurde diese, durch den Zeitpunkt ihrer Aufzeichnung zu Lebzeiten oder kurz nach dem Tode von König Heinrich I. (1100–1135) hinreichend gesicherte Überlieferung gelegentlich auf König Heinrich III. (1261–1272) bezogen und als belächelnswerte Anekdote mißverstanden (Mc CAW 1939. 255).

[**34**] (Zu S. 18).

MORGAN (1858. 36. n. 21) nennt ohne Quellenangabe eine Urkunde, welche *duas carucatas terrae in campis de Branztun* betrifft: *Utraque carucata est octies viginti acris per perticam XVI pedum* et *dimidii ... Hoc factum fuit apud Nottingham anno ab incarnatione Domini MCLXIX.*

[**35**] (Zu S. 18).

Aus der *Tabula mensurarum Monasterii de Bello* geht hervor: *Leuga autem Anglica duodecim quarenteinis conficitur. Quarenteina vero quadraginta perticis. Pertica habet longitudinis sedecim pedes* [? et dimidium]. *Acra habet in longitudine quadraginta perticas et quatuor in latitudine. Quod si habuerit viginti perticas in longitudine, habebit octo in latitudine, et sic per reliqua* (*Monasticon Anglicanum*, N. Ed., Vol. III, 1821. 241b).

[**36**] (Zu S. 19).

Im zweiten Abschnitt der bei früherer Gelegenheit [vgl. **3**] bereits teilweise wiedergegebenen *Certa mensura Cantuariensis* heißt es: *Memorandum quod ulna communis regni Angliae continet tres pedes; et virga communis continet sexdecim pedes et dimidium. Item XL virgatae continent unam quarentenam. Item septem quarentenae et dimidia, tres virgatae, dimidius pes continent unum miliare. Item duo miliaria continent unam leucam secundum geometriam* (SHEPPARD 1881. 325b).

[**37**] (Zu S. 19).

MORGAN 1858. 21; BERRIMAN 1953. 170. Auch in Deutschland wird nicht selten mit der 16-füßigen Rute gerechnet; die Zahl 16 ist dabei wohl als Glied einer binären Staffel (als 2^4) entstanden zu denken, ähnlich derjenigen, welche vom Finger zum 16-fingrigen Fuße oder auch vom *nail* zum *yard* (je 16 *nails*) führt [vgl. **32**].

[**38**] (Zu S. 19).

Als Beleg dafür, daß in England auch eine Leuge von 2 Meilen verwendet worden sei, wird gelegentlich auf eine Bemerkung in der *Historia*, welche INGULFUS CROYLANDENSIS († 1109) zugeschrieben wird, hingewiesen. Dort heißt es aber, daß die *leuca* eine *usualis mensura terram metientium apud Francos* sei und 2000 Schritte messe; *Angli autem utuntur terram metiendo milliaribus*, welche 1000 Schritte messen (*Edit.* 1684, p. 82/83). Dieser Darstellung entsprechen auch einige andere Überlieferungen (vgl. **4**; **36**; **51**].

Wenn nun schon im IX. Jahrhundert (in den Jahren 819, 825 und zusammenfassend 833) aus dem angelsächsischen Königreiche Mercia von Schenkungen an den Abt Siwardus Croylandiae berichtet wird (BIRCH, Vol. I, 1885, n. 365, p. 504; 383, p. 527; n. 409, p. 570), bei welchen die Größe der gestifteten Ländereien nach *leucae* oder nach *quarentenae* angegeben wird, dann handelte es sich wohl nicht um landesübliche Maße, sondern eher darum, daß die Abtei zu Crowland sich festländischer Maße bediente [vgl. **29**].

[**39**] (Zu S. 19).

In diesem Zusammenhang ist zu erwähnen, daß auch WALTER VON HENLEY in seiner Schrift über die Wirtschaftsführung (um die Mitte des XIII. Jahrh.) mit „Königlichen Ruten“ rechnet. In der von LAMOND wiedergegebenen alten normannisch-französischen Fassung seines Werkchens heißt es hierzu: *Byen sauet ke vne coture deyt estre de quarante perches de long e IIII perches de lee. E la perche le rey est de XVI pez et demi e adonc c'est le acre de LXVI pyez de leyse. Ore en arrant alet XXX foys entur pur fere le reon plus estreyt et kant le acre est pararre a donkes estes ale LXXII coutures ke sunt VI lywes kar ceo fet asauoyr ke XII cotures sunt vne lywe* (Edit. 1890. 8).

In freier und nach einer anderen Fassung (l. c., p. 8, note 4) sinngemäß ergänzter Übertragung besagt das etwa: „Man muß wissen, daß ein Acker 40 Ruten lang und 4 Ruten breit sein soll. Die königliche Rute mißt $16^1/_2$ Fuß, so daß der Acker 66 Fuß breit ist. Wenn man, um den Furchenabstand enger zu machen, [36-mal statt] 30-mal hin und her pflügt, dann ergibt das [einen Weg von] 72 Ackerlängen, also 6 Leugen, denn bekanntlich messen 12 Ackerlängen eine Leuge“ [vgl. **43**].

[**40**] (Zu S. 19).

In vergleichbarer Form sind solche „königliche“ Maße, welche von denen des örtlichen Gebrauches abweichen können, auch aus Deutschland um die Jahrtausendwende überliefert (MEITZEN II. 1895, 552/559).

Das wichtigste derselben ist die *virga regalis*, welche obendrein als „*zona mensurationis seu funis*“, also als amtlich genormtes Meßband [vgl. **31**], zur zuverlässigen Vermessung der privilegierten Königshufe (*mansus regalis, hoba regalis*) sogar in versiegelter Kapsel versandt werden konnte.

Während es in Deutschland neben der „Königsrute“ offenbar keinen „Königsfuß“ gab, scheint in Frankreich der *pied de Roi* anstelle einer besonderen Rute die Bedeutung des privilegierten Königsmaßes besessen zu haben (vgl. S. 18). Daß es sich dabei nicht um einen *pied du roi* (z. B. MACHABEY 1952. 77) handelte, also nicht um die Wiedergabe der Fußlänge eines bestimmten Königs, wie etwa Karls des Großen, bedarf keiner besonderen Hervorhebung; das war nur die vielleicht bewußt geförderte Volksmeinung.

[**41**] (Zu S. 19).

Das *Statutum de Admensuratione Terrae* (= ? *Statutum Anno 33°Edwardi I., Stat. VI* [A. D. 1305]) gibt im wesentlichen an, welche Maße eine gesetzmäßige

Ackerfläche haben kann, deren Größe mit derjenigen eines Normalackers, also einer Acra von 1 Furlong Länge und $^1/_{10}$ Furlong Breite oder von 40 × 4 Perches (§ 31), übereinstimmte, wie beispielsweise 10 × 16 Perches (§ 1) oder 80 × 2 Perches (§ 71). An diese ausführliche Zusammenstellung schließt sich dann als Erläuterung die kurze Liste der Längenmaße an. Diese lautet: *Et memorandum, quod ulna Domini Regis ferrea continet III pedes et non plus. Et pes debet continere XII pollices per rectam mensuram huius ulnae metitam; videlicet tricesima sexta pars dictae ulnae recte metita facit I pollicem, nec plus nec minus. Et quinque ulnae et dimidia faciunt I perticam, id est sexdecim pedes et dimidium metitos per predictam ulnam domini Regis ferream* (*Statutes of the Realm*, Vol. I (1810) 277).

Von dem zur Rede stehenden Statut wurden gelegentlich die zweite Hälfte der Flächenangaben und die Maßübersicht als nachträgliche Zusätze weggelassen (RUFFHEAD, *Statutes at Large*, Vol. I, 1769. 152). Schließlich wurde sogar die Beziehung auf Eduard I. (1272—1307) gänzlich abgelehnt (cf. MAITLAND 1897. 369, n. 4).

[42] (Zu S. 19).

Bemerkenswert ist in der Maßtabelle des *Statutum de Admensuratione Terrae* die Bezeichnung des Yards als *ulna Domini Regis ferrea* oder als *the Iron Yard of our Lord the King*. Daß dies eine gebräuchliche Ausdrucksweise war, geht aus einer Stiftungsurkunde aus dem XIII. Jahrhundert (vermutlich von 1235) hervor, in welcher die Stifter eines Grundstücks als Maßeinheit *ulnas de ulnis ferreis Regis Joh*[*annis*] *Angliae* erwähnen (*Monasticon Anglicanum*, Vol. II. 1661. 283; Vol. VI, pt. 2, 1846. 624). In ähnlicher Weise werden *ulnae ferreae Domini Regis* in einer Urkunde von Königin Alianora (Eleonore von Poitou), der Witwe Heinrichs III. (1216—1272), aus dem Jahre 1273 genannt (l. c., Vol. II, 1661. 460; Vol. VI, pt. 2, 1846. 696). Diese Angaben weisen auf den Versuch des Königs Johann ohne Land (1199—1216) hin, eine zuverlässige Normung der im praktischen Gebrauch befindlichen Yardmaße durch die Ausgabe geeichter eiserner Mustermaßstäbe zu erzwingen.

Die Art der Normung selber fußt wohl sicher auf den Erfahrungen, welche König Richard I. Löwenherz (1189—1199), der ältere Bruder und Vorgänger von König Johann (John Lackland), bei seiner Teilnahme am Dritten Kreuzzuge (1190—1192) im Orient machen konnte, weil dort die Araber zur Maßvereinheitlichung den Gebrauch genormter Eisenellen unter dem Namen „Schwarze Ellen" (*aḏ-ḏirā' as-saudā'*) eingeführt hatten (PRELL 1960. 41, n. 6). Tatsächlich hat Richard I. bereits im Jahre 1197, also kurz nach seiner Heimkehr, angeordnet, daß man sich zur Vereinheitlichung der Längenmaße eiserner Yardmaßstäbe bedienen solle. Aus einer *Assisa facta . . . anno VIII regni Ricardi regis Angliae*, berichtet ROGERUS DE HOVEDEN in seiner *Chronica* (Ed. 1871, IV. 33/34) das Folgende: *Eadem etiam ulna sit in toto regno, et ejusdem quantitatis, et ulna sit ferrea.*

Auf Eiserne Yards beziehen sich auch die Bemerkungen über *virgae ferreae* in einer Schenkungsurkunde aus dem Archiv des Klosters Leominster (Blount 1670, fol. Vvv3; Cowell 1684, fol. Yyy1), in welcher es heißt: *dedi ... unam placetam terrae meae ... cuius latitudo in fronte continet in se XVI virgas ferreas praeter unum quarterium, et totidem in retro* (*Ex libro Chart. Prior. Leominstr.*), deren Datierung aber nicht angegeben wird, und ebenso diejenigen in den *Gloucester Corporation Records* um 1200 n. Chr. über die Breite eines Landstreifens von *triginta pedes iuxta ferratam virgam Regis* (Stevenson 1893, 80; Maitland 1897. 370). Im erstgenannten dieser Fälle wird von den Berichterstattern ausdrücklich zur Erläuterung beigefügt: *This was so many yards, according to the King's Standard in the Exchequer, which anciently it seems was of Iron, but now of Brass.* Im zweiten Falle bemerkt Stevenson mit Recht: *The iron yard here referred to means the ell-measure provided by order of Richard I. in 1197*, wobei er *virga* kurzerhand als *yard* überträgt [vgl. **31**].

Offenbar bewährten sich die eisernen Ellen-Maße in dem feuchten Klima von England nicht, denn sie wurden später durch solche aus Kupferlegierungen abgelöst (z. B. *Anno 14° Edwardi III.* [A. D. 1340]).

[**43**] (Zu S. 19).

Die *Compositio ulnarum et perticarum* ist in den *Statutes of the Realm* (Vol. I, 1810. 276, nota) wiedergegeben; sie lautet: *Ordinatum est quod tria grana ordei sicca et rotunda faciunt pollicem; duodecim pollices faciunt pedem; tres pedes faciunt ulnam; quinque ulnae et dimidia faciunt perticam; et quadraginta perticae in longitudine et quatuor in latitudine faciunt unum Acram.*

Herrn Dr. C. St. C. Davison (London), der persönlich in der Universitätsbibliothek von Cambridge das Original-Manuskript, aus welchem der überlieferte Wortlaut stammt, eingesehen hat, und dem Science Museum in London bin ich für eine Photokopie dieser wichtigen, aber leider undatierten Quelle (Cambridge MSS: Mm. 5. 19. folio 104) zu besonderem Dank verpflichtet.

Sehr ähnlich ist die Zusammenstellung über die Längenmaße in dem Robert Grosseteste (†1253), Bischof von Lincoln, zugeschriebenen *Tretyce off Housbandry*, einer englischen Bearbeitung der *Hosebondrie* von Walter de Henle[y]: *It is to wite þat III barley cornys þat is in þe mydiste off þe eyre makithe a enche, and XII enchis makithe a foote, & XVI fote and a halfe makithe a perche, & fourti perchis in lengthe & foure in brede makithe a acre off londe* ... (ed. Lamond 1890, chap. 2, p. 44). Vielleicht ist dies ein Hinweis auf die Herkunft der *Compositio* [vgl. **39**].

Auch die Urkunde mit Angaben über das Längenverhältnis 1:12:36 von *barley corn*, *inch* und *foot*, welche von verschiedener Seite (Berndt 1929. 21; v. Alberti 1957. 95) ohne Quellenangabe in das Jahr 1324, also in die Regierungszeit von König Eduard II. (1307–1327) verlegt wird, gehört wohl hierher; vielleicht ist sie in einer der Handschriften von Walter of Henley's *Hus-*

bandry zu suchen, welche CUNNINGHAM in seiner *Introduction* (1890. XXIII) zusammengestellt hat. Möglicherweise ist sie sogar mit der *Compositio ulnarum* identisch.

[**44**] (Zu S. 20).

Es ist zweifellos von Interesse, daß auch in den alten schottischen Maßübersichten nicht von einer Meile oder einem entsprechendem Wegemaß die Rede ist. In den *Acts of the Parliament of Scotland* (Vol. I, *Tabula Chronologica Statutorum etc., App. V, n. 16*, p. 387) heißt es beispielsweise: . . . *The aker sall contene four rude, the rude XL fallis. The fall sall hald VI ellis*, und diese Vorschrift wird ergänzt durch die Anordnung, daß *þe rude off lande in baronys sal conten VI elne, þat is to say XVIII fut off a mydlyn mane* . . . (*l. c., App. V, n. 15*, p. 387).

Um Ähnlichkeit und Unterschiede der römisch-britannischen, der normannisch-englischen und der schottischen Maßverhältnisse aufzuzeigen, mögen 3 abgekürzte Übersichten wiedergegeben werden:

	stadium furlong	*pertica perch*	*ulna yard*	*pes foot*	(*uncia*) *pollex inch* (*thumb*)
(Römisch-)	1	40	200	600	7200
Britannisch		1	5	15	180
			1	3	36
				1	12
(Normannisch-)	1	40	220	660	7920
Englisch		1	$5^1/_2$	$16^1/_2$	198
			1	3	36
				1	12
	rude	*fall*	*eln ell*	*fut*	(*inch*) *thoum*
Schottisch	1	40	240	720	8640
		1	6	18	216
			1	3	36
				1	12

Die entscheidende Differenz der drei Übersichten besteht also in der Zahl der Yards je Rute, durch welche weiter die Unterschiede in der Zahl der Fuß und der Zoll bedingt werden. Ein Vergleich mit den Angaben in der König David I. (**1124**—**1153**) zugeschriebenen Assisa [vgl. **11**] bestätigt die Annahme, daß diese nur die Umrechnung schottischen in englisches Maß festlegen sollte [vgl. **51**], nicht aber den Aufbau eines eigenen schottischen Längenmaßsystemes anstrebte.

Zur Ergänzung darf darauf hingewiesen werden, daß die Länge der *Ulna communis Regis David* zur Zeit von König Robert III. (1390—1406) im Jahre 1400 vom Schottischen Parlament (*Acta Parliamenti, cap.* 22, § 1) nahezu gleichlautend bestätigt wurde (SKENAEUS 1609, fol. 68 v), und daß dieselbe Sachlage unverändert noch nach rund 700 Jahren bestand. Als Beleg dafür seien aus dem *Act of the Dean of Guild Court relative to weights and measures*, vom 20. XII. 1821, welcher von CLELAND, Superintendent of Public Works in Glasgow, aufgezeichnet wurde, die folgenden beiden Sätze wiedergegeben: *The English yard contains thirty-six inches* und *A Scotch ell contains thirty-seven inches and a Weaver's ell forty-five inches* (1821. 6).

Schließlich muß daran erinnert werden, daß die Verwendung eines Yards von 37 (statt 36) *inches* gar nicht auf Schottland beschränkt, sondern auch aus England von etwa 1200 bis 1690 n. Chr. belegt ist, und zwar hier in einer Form, welche die Herkunft der merkwürdigen Primzahl mit voller Sicherheit erkennen läßt. Wie bereits erwähnt wurde [**24**b], handelt es sich um die Folge der Zugabe eines Zolls im Geschäftsverkehr, welche in Schottland bei der Herstellung des Zollstabes (*ellwand* [vgl. **11**]) der Einfachheit halber gleich dem *yard* zugeschlagen, in England (bis 1939 [TANNER brieflich]) nur verrechnet wurde.

Wenn nun die Länge des Schottischen Yards mit etwa 37—37,2 *inches* (= 939,8—944,88 mm) angegeben wird [vgl. **11**], dann läßt sich der ihm zugehörige Schottische Fuß mit ungefähr 12,4—12,37 Englischen Zoll (= 313,27 bis 314,96 mm) errechnen. Diese Zahlen weichen nicht unwesentlich von der 251 mm betragenden Länge des Schottischen Fußes ab, welche SEEBOHM (1914. 25) auf Grund der angeblich Hohlmaß und Gewicht auswertenden Berechnung eines ungenannten Mathematikers annimmt [vgl. **8**].

Angesichts der Tatsache, daß ein *yard* von 37 *inches* als ein verlängertes Meßwerkzeug vor allem für den Tuchhandel („*cloth-yard*") anzusehen ist, erscheint es zum mindesten sehr zweifelhaft, ob die Länge einer Schottischen Meile von demselben rechnerisch abgeleitet werden darf, oder ob ihr nicht vielmehr ein normales Yard von 36 *inches* zu Grunde gelegt werden muß [vgl. **51**]

[**45**] (Zu S. 20).

SHEPPARD 1881. 325 b [vgl. **36**]. FLINDERS PETRIE 1884. 264 nennt stattdessen die Fassung $7^1/_2$ *furlongs*, 3 *perches* und 2 *palms*, offenbar in Anlehnung an die lateinische Wiedergabe der Maßliste durch DE MORGAN (1839. 376b).

[**46**] (Zu S. 21).

Erwähnt sei in diesem Zusammenhange eine Mitteilung von GRUNDY (1938. 255, n. 2), welche darauf hinweist, daß HIGDEN (1344) in seinem *Polychronicon* die Entfernung von York nach Aldborough mit 15 Meilen angegeben habe — es heißt dort: *Aldeburgh . . . distat ab Eboraco XV miliaribus* (Lib. I, cap. 48; Vol. II, 1869. 66 u. 67) —, und daß dieser Wert eine Meilenlänge von 1760 *yards* (also diejenige einer *statute mile*) errechnen lasse.

[**47**] (Zu S. 21).

In dem *Statutum Anno 35° Elizabethae* [A. D. 1593], *Cap. VI. An Acte againste newe Buyldinges*, welches die Errichtung von Neubauten in der Stadt London und innerhalb eines Dreimeilengürtels um dieselbe verbietet, wird angeordnet: § 8 . . . *And that a Myle shalbe reckoned and taken in this manner and noe otherwise. That is to saye, a Myle to conteyne Eight Furlonges, and everie Furlonge to conteyne Fortie Luggs or Poles, and every Lugg or Pole to conteyne Sixtene Foote and Halfe* (*Statutes of the Realm*, Vol. IV, 2, 1819. 853).

Bemerkenswert ist bei dieser Überlieferung allerdings, daß in derselben das Yard als Dreifaches des Fußes nicht ausdrücklich genannt wird, obwohl es auch zur Zeit von Königin Elisabeth I. selbstverständlich als geeichtes Standardmaß für die Längenmessung diente [vgl. **32**] und obwohl sogar ein Yard-Maßstab aus eben dieser Zeit [1588, vgl. **32** & **50**] lange Jahre für das gesamte Königreich als Standard galt (CARYSFORT 1758. 434).

[**47**b] (Zu S. 21).

Nach den Darlegungen von KARSLAKE (1931. 359) und anderen war das Gesetz von Königin Elisabeth ausschließlich für das Gebiet um London und Westminster bestimmt, und deshalb habe die darin erwähnte Meile von Rechts wegen nur in diesem Bereich gegolten. Eine allgemeine Bedeutung erhielt die Meile aber schon durch *the establishment of the Post Office in the reign of James I.*, weil die Post sich ihrer bediente und sie als Wegemaß im ganzen Land verbreitete.

Dem postalischen Brauche folgten in ihren Schriften unter anderen COWELL (1607), COLLINS (1659) und selbstverständlich auch der *surveyor to the Post Office* unter König Karl II. OGILBY [**48**] — ohne Anstoß daran zu nehmen, daß König Jacob I. (1603—1625) es versäumt oder für überflüssig gehalten hatte, das Statut seiner Vorgängerin durch ein neues Statut ausdrücklich für das ganze Reich verbindlich zu machen.

[**48**] (Zu S. 22).

Tatsächlich gibt OGILBY seiner Landkarte drei verschiedene Vergleichsmaßstäbe bei, welche die Länge von *Vulgar Computed Miles, Direkt Horizontal Miles* und *Dimensurated Road Miles* aufzeigen. Von diesen Maßstäben bedarf der letztgenannte keiner weiteren Erläuterung, da er sich auf die Statute Miles bezieht, nach welchen OGILBY (1675) im Auftrage von König Karl II. (1660—1685] mit seinem Meßrade (*wheel-dimensurator*) die Entfernungen selbst ermittelt hatte. Der vorher genannte Maßstab ist ohne weitere Bedeutung, weil er nur die Entfernung in Luftlinie (*as the crow flies*) unmittelbar aus der Karte abzulesen erlaubt. Ein besonderes Interesse verdienen aber die *Vulgar Computed Miles*. Es handelt sich hier um Meilen, welche offenbar „in volkstümlicher Weise errechnet" worden sind, und zwar vermutlich mit Hilfe einfachen Abschreitens, welches ja für den Wanderer sowieso besonders naheliegend und wichtig ist. Aus der Abhängigkeit der Schrittlänge von der Bodenausformung würde sich auch zwanglos das örtlich etwas verschiedene Verhalten der volkstümlichen Meile zur gesetzlichen Meile bei der Gegenüberstellung von beiden erklären lassen.

Für diese Annahme läßt sich geltend machen, daß die in Betracht kommenden Meilenzahlen nach SEEBOHM (1914. 83) wahrscheinlich aus der Beschreibung Englands von HARRISON (1577) stammen, welcher die Entfernungen in Alten Britischen Meilen von je 1500 Schritten angibt [vgl. **25**] und auf diese Weise indirekt auf ihre Ermittlung durch Abschreiten hinweist. Die vollständige Bemerkung von HARRISON lautet: *As for the olde Brytishe myle, that includeth 1500 paces english, it shal not greately neede to make any discourse of it, so much the lesse, sith it is yet in use and not forgotten among the Welsh men* (*Description of Britaine* [ed. 1577], *Book III, fol. 122r, col. b*; R. F. OVENELL brieflich). Anschließend wird auf LELAND als Gewährsmann hingewiesen. Die Angabe über die Alte Meile wird durch eine Bemerkung über die gewöhnliche Meile ergänzt: *Eyght furlonges or 1000 paces is a mile* (*l. c., Book III, fol. 119 v, col. b*).

[**49**] (Zu S. 22).

Wie erwähnt, ist die Allgemeingültigkeit der maßkundlichen Angaben in dem Statut von Königin Elisabeth I. über die Bausperre in London und Westminster zunächst angezweifelt worden, aber „*whatever doubt may rest upon the meaning of the statute, it was considered by an authority of the reign of James I.* (*Cowell*) *as a general declaration of the length of the mile*" (DE MORGAN 1839, XV. 210 b).

Diese Angabe bezieht sich offenbar auf das juristische Lexikon von JOHN COWELL, welches erstmals 1607, also während der Regierungszeit von König Jakob I. (1603—1625), unter dem Namen „*Interpreter, Containing the genuine Signification of such obscure Words and Terms used either in the Common or Statute Lawes of this Realm*" erschien und welches unter dem Stichwort *mile* die Meilenlänge in unmittelbarer Anlehnung an das Gesetz „*anno 35. El. cap. 6*" kennzeichnet und bewertet (Cambridge 1607, fol. Xx 1v [P. LONG brieflich] und II. ed., London 1684, fol. Xx 2v).

Wenn trotzdem immer noch die Möglichkeit bestand, formale Bedenken gegen die Auslegung von COWELL geltend zu machen, etwa deshalb, weil diese ja selber nicht Gesetzeskraft besaß, dann konnte jeglichem Mißverständnis und jeglicher Fehldeutung der Boden durch ein neues eindeutiges Statut entzogen werden.

Aus dem *Act for ascertaining and establishing uniformity of weights and measures* vom 17. Juni 1824 (*Anno 5° Georgii IV., cap. LXXIV* [A. D. 1820]), welches diese Aufgabe erfüllt, seien nur die folgenden Angaben entnommen: Vom 1. Mai 1825 an soll ein genau beschriebener Messingmaßstab, auf dem die Bezeichnung „*Standard Yard 1760*" eingraviert ist, der *original Standard* dieses Maßes sein und „*Imperial Standard Yard*" heißen; zugleich wird festgesetzt, „*that all Measures of Length shall be taken in Parts or Multiples, or certain Proportions of the said Standard Yard; and that One third Part of the said Standard Yard shall be a Foot, and the Twelfth Part of such a Foot shall be an Inch; and that the Pole or Perch in Length shall contain Five such Yards and a Half, the Furlong two hundred and twenty such Yards, and the Mile One thousand seven hundred and sixty such Yards*" (*Stat. of the Unit. Kingd., Vol. IX, 1820, p. 759—766*). Hier wird also dieselbe Staffel der Längenmaße wiedergegeben, wie in dem Gesetz von Königin Elisabeth I. aus dem Jahre 1593, vermehrt nur durch Hinzunahme des *yard* und der wohlbekannten *inch*.

Eine Bestätigung und Erweiterung erfährt die Reihe der gesetzlich anerkannten Längenmaße schließlich in dem *Act to consolidate the Law relating to Weights and Measures* vom 8. August 1878 (*Anno 41° & 42° Victoriae, cap. 49* [*A. D. 1878*], in welchem es unter anderem heißt: § 11. *One-third part of the imperial standard shall be a foot, and the twelfth part of such foot shall be an inch, and the rod, pole or perch in length shall contain five such yards and a half, and the chain shall contain twenty-two such yards, the furlong two hundred and twenty such yards, and the mile one thousand seven hundred and sixty such yards.* — Und weiter heißt es: § 19. *No local or customary measures, nor the use of the heaped measure shall be lawful* (*Public General Statutes*, London 1878, p. 308—341).

[**50**] (Zu S. 22).

Den äußeren Anstoß zu dem wichtigen Gesetze von König Georg IV. über das englische Längenmaßsystem dürfte weniger der Wunsch gegeben haben, die Beziehungen zwischen den gesetzesrechtlich anerkannten Maßeinheiten einwandfrei festzulegen, als vielmehr die Notwendigkeit, ein neues Standardmaß für ihre Länge zu bestimmen. Das alte Bronze-Yard von Königin Elisabeth I. vermochte als Endmaßstab schon längst nicht mehr den allmählich höher gewordenen Ansprüchen zu genügen, welche an dasselbe als das Urmaß für die englische Längenmessung gestellt werden mußten. Die Bemühungen um die Schaffung eines technisch einwandfreien Ersatzmaßstabes vom Charakter eines Strichmaßstabes, welche von GEORGE GRAHAM (1742) begonnen worden waren, hatten zwar praktisch in der Herstellung des von JOHN BIRD geschaffenen „*Standard Yard 1760*" ihren Abschluß schon gefunden, doch bedurfte dieses noch der offiziellen Anerkennung. Die schwierigen Vorarbeiten für eine solche zogen sich überraschend lange hin und erst im Jahre 1824 wurde das BIRD'sche

Yardmaß durch Königliches Statut als Standardmaß legalisiert und zugleich seine Länge mit dem Namen *Imperial Standard Yard* belegt.

Zu unbekannter Zeit und von unbekannter Hand ist nach 1760 der Standard-Yard-Maßstab der Königin Elisabeth zerbrochen worden. Vielleicht geschah das absichtlich, um ihn gemäß dem Gesetze *Anno 12° Henrici VII.*, cap. 5, § 12 [vgl. **32**] als ungültig geworden nun auch unbrauchbar zu machen. Zu ebenfalls unbekannter Zeit sind die beiden Bruchstücke wieder zusammengesetzt worden. So kam es dazu, daß dieses dürftig geflickte Maß später angeblich wieder als Standard diente, was BAILY (1836. 146) mit Recht aufs schärfste rügte.

Beim großen Brand der Parlamentsgebäude am 16. X. 1834 ging das damals im House of Commons aufbewahrte BIRD'sche Standard Yard zu Grunde [vgl. **18**]. Es konnte zwar wieder aufgefunden werden, erwies sich aber als so schwer beschädigt, daß es sich nicht reparieren ließ (G. B. AIRY 1858. 629 ff.); es ist später (nach 1844) verschollen und erst seit 1891 wieder zugänglich geworden (CHANEY & WOOD 1929. 136 b).

Abermals dauerte es sehr lange, bis im Jahre 1845 nach den Angaben von FRANCIS BAILY ein vollwertiger Ersatzmaßstab (nebst Doppelstücken) hergestellt werden konnte, der dann im Jahre 1855 durch den *Act for legalizing and preserving the restored Standards of Weights and Measures* vom 30. Juli 1855 (*Anno 18° & 19° Victoriae, cap. LXXII* [A. D. 1855]) legalisiert wurde (*Statutes of the United Kingdom, Vol. XXII, Pt. II*, 1855, p. 666—668). Dort heißt es nämlich, daß der damals im Exchequer aufbewahrte Bronzestab mit der Kennzeichnung „*Copper 16 oz., Tin 2½, Zinc 1. Mr. Baily's Metal. No. 1. Standard Yard at 62°. 00 Fahrenheit. Cast in 1845. Troughton and Simms, London*" (p. 667) . . . *shall be and deemed to be the Imperial Standard* (§ 2, p. 668).

Die damit ausgesprochene Sanktionierung wurde durch den *Act to amend the Acts relating to the Standard Weights and Measures &c.* vom 6. 8. 1866 (*Anno* 29° & 30° *Victoriae, cap. LXXXII* [A. D. 1866] und vor allem durch den *Act to consolidate the Law relating to Weights and Measures* vom 8. 8. 1878 (*Anno* 41° & 42° *Victoriae, cap.* IL [A. D. 1878]) bestätigt (*Statutes of the United Kingdom*, Vol. XXVII, 1866, p. 481—482, und *Public General Statutes*, London 1878, p. 308—314—341). Als Aufbewahrungsort des *imperial standard yard* wurde das Standards Department of the Board of Trade bestimmt.

Auf die Fortschritte, welche weiterhin in der Herstellung von Yard-Maßstäben und in der Längenbestimmung des Yard gemacht worden sind, braucht an dieser Stelle nicht eingegangen zu werden, weil durch dieselben die bestehende Rechtslage nicht berührt wird. Das Recht aber nimmt nur Rücksicht auf *the interests of the tradesman and the merchant* und nicht auf *the wants of the man of science* (BAILY 1836. 81).

[**51**] (Zu S. 22).

Wenn bei dem Überblick über die geschichtliche Entwicklung der englischen Wegemaße im wesentlichen nur von zwei verschiedenen Meilen die Rede war, dann besagt das nichts weiter, als daß gerade diesen beiden Meilen eine größere historische Bedeutung zukommt. Beide Meilen sind dabei von grundsätzlich verschiedenem Charakter.

Die (Römisch-)Britannische Meile, also die spätere *London mile*, war eine 5000-Fuß-Meile, welche unmittelbar vom Britannischen Fuß ausging. Sie war das einzige eigene Wegemaß Englands, welches sich auf der von den Römern übernommenen Fußzahl je Meile aufbaute.

Die (Normannisch-)Englische Meile, also die spätere *statute mile*, war demgegenüber eine 8-Stadien-Meile (bzw. 8-Furlong-Meile), welche sich auf der von den Römern übernommenen Stadienzahl je Meile aufbaute.

Zur Römerzeit war diese Unterscheidung einer 5000-Fuß-Meile von einer 8-Stadien-Meile ohne Belang, weil 5000 Römische Fuß ebensolang waren, wie 8 Römische Stadien je 625 Fuß. Als aber in nachrömischer Zeit der Britannische Fuß üblich wurde und als die Zahl der Fuß je Stadion (oder Furlong) sich änderte, konnte dementsprechend, je nach der Rutenlänge, eine größere Anzahl von 8-Stadien-Meilen abgeleitet werden. Die bekannteste und wichtigste derselben ist eben die *Statute mile* von 8 (Normannisch-)Englischen Furlongs, deren jeder 40 Ruten je $5^1/_2$ Yards oder je $16^1/_2$ Fuß maß, so daß die Meilenlänge 5280 Fuß betrug.

Es scheinen nun im Schrifttum keine Überlieferungen vorzuliegen, nach welchen eine Englische Meile der Furlongmeilen-Gruppe eine andere Länge als 8 *furlongs* (*quarentenae*) je 40 *perches* (*virgae*) besessen habe, ebenso wie der Yard stets 3 Fuß gemessen zu haben scheint. Durch Ausmessung von Landkarten gewonnene abweichende Furlongzahlen je Meile sind daher offenbar nur als Angaben darüber anzusehen, wieviele allgemein gebräuchliche Furlongs eine Meile mißt, aber durchaus nicht, in wieviele eigene Furlongs (statt 8) sie zerfällt. Wohlbekannt ist es aber, daß unter einer Rute eine örtlich recht verschiedene Anzahl von Yards (und somit auch Fuß) verstanden werden konnte [vgl. **31**]. Unter den Umständen ist es selbstverständlich, daß es theoretisch ebensoviele 8-Furlong-Meilen (von $8 \times 40 = 320$ Ruten) gegeben haben könnte, wie es verschiedene Ruten gab.

Als Beispiel hierfür seien in Anlehnung an MORGAN (1858. 21) die folgenden tatsächlich bekannten 8-Furlong-Meilen genannt:

a) die *statute mile* von 320 *rods* je $5^1/_2$ yd (oder 16,5 ft) = 1760 *yards* (oder 5280 *feet*) bei einem *furlong* von ($40 \times 5{,}5 =$) 220 yd;

b) die *road mile* („*for mile measurement of roads*") von 320 *rods* je 6 yd (oder 18 ft) = 1920 *yards* (oder 5760 *feet*) bei einem *furlong* von ($40 \times 6 =$) 240 yd; hierher gehört auch die *Scottish mile* (ebenfalls von 320 rd je yd), welche aber wegen des angeblich um etwa 1 *inch* längeren Alten Schottischen Yards (*eln*) manchmal mit etwa (1920 × 37/36 =) 1973 oder bis (1920 × 37,2/36 =) 1984 Englischen Yards [JACKSON 1882.66] beziffert wird [vgl. aber **44**];

c) die *Irish mile* von 320 *rods* je 7 yd (oder 21 ft) = 2240 *yards* (oder 6720 *feet*) bei einem *furlong* von (40 × 7 =) 280 yd [vgl. **25**];

d) die *Cheshire mile* von 320 *rods* je 8 yd (oder 24 ft) = 2560 *yards* (oder 7680 *feet*) bei einem *furlong* von (40 × 8 =) 320 yd.

Von KELLY (1816. 186; 1821. 223) werden dieselben Ruten, ohne Nennung der zugehörigen Meilen, zum Teil anders bezeichnet; er erwähnt ein *statute pole* ($16^1/_2$ ft), *woodland pole* (18 ft), *plantation pole* (21 ft), *Cheshire pole* (24 ft) und *Sherwood* (*forest*) *pole* (25 ft).

[**52**] (Zu S. 22).

Ohne bleibende oder weitergehende Bedeutung ist die Übernahme des gallischen Begriffs der Leuga (*leuga, leuca, leuva* u. a.) in die Reihe der englischen Längenmaße geblieben. Einige Beispiele mögen das belegen.

Die alte Gallische Leuge, welche anscheinend die eingewanderten Atrebaten mitgebracht hatten, ist wohl nur als Erstreckung des *bannum* (KARSLAKE 1920), nicht aber als eigentliches Wegemaß nachweisbar [**3**].

Daß die Normannen ein Wegemaß von 12 *quarenteinae* (= 12 *furlongs*) Länge als *leuga Anglica* bezeichneten (*Monasticon Anglicanum*, N. Ed., Vol. III, 1821. 241 b), wurde bereits erwähnt [vgl. **25**; **35**]. Daneben wird im älteren englischen Schrifttume noch einer Leuge von doppelter Meilenlänge, also von 16 *furlongs*, gedacht (*Certa mensura Cantuariensis*), doch kann vorerst kein Beleg für die praktische Anwendung dieser Leugenlänge aus England angegeben werden [vgl. **4**; **36**; **38**]. Beide Leugen können von den in England lebenden Normannen gelegentlich auch als Meilen bezeichnet worden sein, denn ORONTIUS FINEUS (*Protomathesis*, 1532. fol. 56 r) berichtet, daß man in Frankreich außer einem *miliare Italicum* (8 Stadien), noch ein *miliare proprium* (12 Stadien) und ein *miliare Gallicum* (16 Stadien) unterschieden habe, also ohne Bedenken den Namen *miliare* anstelle von *leuga* auch für das Wegemaß von 12 oder 16 Stadien verwandte.

Anscheinend wurde die Leuge von den Normannen als ihr gewohntes Wegemaß oder Entfernungsmaß nach England mitgebracht und dann entsprechend der in England üblichen Benennung solcher Maße kurzerhand als Meile bezeichnet. Diese Verquickung von Leuge und Meile durch die Normannen konnte zweifellos auch eine bedeutungsvolle wirtschaftliche Folge haben; denn sie war geeignet, den in Meilen (also ursprünglich wohl Römisch-Britannischen Meilen von 5000 Fuß) ausgedrückten Besitz oder Jurisdiktions-Bereich von irgendwelchen Grundherren zu erweitern. Nach erfolgter allgemeiner Stabilisierung der Verhältnisse wurde die normannische Leugenrechnung offenbar allmählich wieder aufgegeben.

Eine gewisse Sonderstellung nehmen die englischen Leugen von 3 Meilen Länge ein, welche unter dem Namen von *leagues* noch in der Neuzeit gelegentlich als Wegemaße, besonders für nur schätzungsweise angegebene Entfernungen, dienen. Sie entsprechen in ihrer Größenordnung der germanischen *rasta*, von welcher der Kompilator der *Pauca de mensuris excerpta* (§ 17) berichtet: *duae leuvae sive miliarii tres apud Germanos unam rastam efficiunt* (HULTSCH II. (Nr. 137), 1866. 138).

Während die beiden zu den Landmeilen gehörigen Dreimeilen-Leugen (NOBACK 1879. 530) anscheinend *never in regular use in England* waren (MURRAY VI, 1908. p. 148), sondern nur in poetischen oder rhetorischen Angaben Verwendung fanden, darf die *marine league* oder *nautical league* von 3 Seemeilen Länge, also $^1/_{20}$ Breitengrad, wohl als gebräuchlich gelten.

[**53**] (Zu S. 22).

Bezüglich der Längenmaße, welche in den Anlagen (*Schedules*) zum *Weights and Measures Act, 1878*, als *Board of Trade Standards* erwähnt werden, sei ergänzend noch das Folgende nachgetragen:

Das *100-feet*-Maß (*Sched. II. 332*), welches hier ohne Namen aufgeführt wird, wird anderwärts (z. B. BOZMAN, *Everyman's Encyclopaedia*, Vol. VIII, 1958. 504) *enginneer's chain* genannt, oder hieß wohl auch *Ramsden's chain*.

Zu dem Maß von *66 feet or a chain of 100 links* (*Sched. II. 332*) sei bemerkt, daß diese *chain* oft (auch BOZMAN l. c.) als *surveyor's chain* bezeichnet wird [vgl. **28**] und manchmal auch den Namen *Gunter's chain* führt.

Das Maß von *6 feet or 2 yards* (*Sched. II. 332*) wird in einer anderen Anlage (*Sched. III. Pt. 2. 335*) in üblicher Weise als *fathom* (= 1,82877 m) erwähnt und gelegentlich (BOZMAN l. c.) als *unit of depth* gekennzeichnet.

Der Name *line* wird nicht genannt.

Die zahlreichen Maßeinheiten, welche nach Beginn des XIX. Jahrhunderts nicht mehr in den Gesetzen anerkannt oder auch nur erwähnt werden, dürfen hier unberücksichtigt bleiben.

Manchen Längenmaßen, welche praktisch gebräuchlich sind oder gebräuchlich waren, ist die heutigentags maßgebende gesetzliche Anerkennung versagt geblieben. Erwähnt sei als Beispiel nur die *handful*, welche in Gesetzen des XVI. Jahrhunderts (*Anno 27° Henrici VIII., cap. 6, sect. II, 1* [A. D. 1535] und *A. 32° Henr. VIII., cap. 13, sect. II* [A. D. 1540]) genannt und mit 4 *inches* bewertet wird.

Ebenso ist die *English ell* [vgl. **32**] oder *weavers ell* [vgl. **44**] nicht legalisiert, obwohl ein Maßstab derselben aus der Zeit von Königin Elisabeth I. (1588), dessen Länge 45,04 in., also etwa 1,144 m (statt errechnet 5/4 × 914,4 mm = 1,143 m), beträgt, bekannt und noch (in der Obhut des Science Museum) erhalten ist. Ja zu diesem Ellenmaßstab (Inv. No. 1931—986) gehört als Matrix eine Bronzeschiene (Inv. No. 1931—987), welche mit einer seinen Maßen genau entsprechenden Rinne, sowie mit einer zweiten solchen Rinne für das anerkannte Standardyard (Inv. No. 1931–985) von Königin Elisabeth versehen ist (CHISHOLM 1877. 52; DAVISON 1961).

[**53** b] (Zu S. 22).

Durch den *Act to amend the Weights and Measures Acts 1878 to 1926 &c.* vom 31. Juli 1936 sind die binären Teilmaße des Yards [vgl. **32**] in die Reihe der *Board of Trade Standards* aufgenommen worden (*Anno 26° Georgii V. et 1° Edwardi VIII.*, cap. 38 [A. D. 1936]); von ihren besonderen Namen hat aber nur derjenige des *nail* (= $^1/_{16}$ *yard* = $2^1/_4$ *inch*) Anerkennung gefunden (HALESBURY's *Statutes of England*, II. Ed., Vol. XXVII, London 1951, p. 1309).

[**54**] (Zu S. 23).

Zur Vorgeschichte des Wissens um diese beiden Seemeilen sei das Folgende bemerkt. In einer Reihe von grundlegenden Arbeiten hat HERMANN WAGNER (etwa seit 1895) durch mühevolle Ausmessung und Vergleichung der auf mittelalterlichen Seekarten angegebenen Entfernungen verschiedener Küstenplätze von einander feststellen können, daß außer und nach der Römischen Meile offenbar noch zwei weitere Meilen den alten Seefahrern als Maßeinheiten gedient haben. An der Vertiefung der induktiv gewonnenen Ergebnisse über die Entfernungsmaße der Portolankarten sind vor allem STEGER (1896) und KRETSCHMER (1909) beteiligt gewesen. Ein Vergleich mit den aus dem Altertum bekannten Maßsystemen, welche klare gesetzmäßige Beziehungen zu einander aufweisen (PRELL 1958), ließ sodann erkennen, daß die beiden mittelalterlichen Maßeinheiten für Seewege offenbar nichts anderes sind, als die Fünftausend-Fuß-Meilen, welche sich von bestimmten vorrömischen, mehr oder weniger im Verborgenen erhalten gebliebenen Fußmaßen ableiten lassen (PRELL 1959. 40).

[**55**] (Zu S. 23).

Als Kartograph ist hier NICOLAUS GERMANUS (1482. fol. 130 v) und als Kosmograph GREGORIUS REISCH (1504. VII. 1. 44; 1517. VII. 1. 43) zu nennen.

[**56**] (Zu S. 24).

NORWOOD (1637. 43); SELLER (1683. 224); WAGNER (1913. 403/404).

[**57**] (Zu S. 24).

HERMANN WAGNER (1913) hat die Geschichte der Seemeile in erschöpfender Form behandelt. Gegenwärtig bedient man sich bekanntlich (seit 1929, bzw. in Amerika seit 1954) im Seewesen allgemein der Internationalen Seemeile von 1852 m Länge als eines abgerundeten Standardmaßes, nur in Großbritannien rechnet man stattdessen mit der ungefähr ebenso langen *Admiralty mile* von 6080 Englischen Fuß.

[**58**] (Zu S. 25).

Selbstverständlich ist mit der Möglichkeit zu rechnen, daß englische Kartographen, dem Vorgange von Nicolaus Germanus in seinen beiden Ulmer Ptolemaeus-Ausgaben (1482 und 1486) folgend, sich beim Zeichnen von Landkarten gelegentlich der Gradminutenmeile bedienten oder sie wenigstens zu berücksichtigen suchten. Tatsächlich ist das Letztere bereits von Heawood für Saxton (1579) angegeben worden (*Geogr. Journ.* 1931. 360). Offenbar ist hier auch die *true Oxfordshire mile*, welche etwa $9^1/_4$ gesetzliche *furlongs* (= ca. 1860 m) mißt, und *of which about 60 answer a degree* (Plot 1677, Pref., fol. b 2 r & v) zu erwähnen.

Einem solchen Geschehen dürfte, wenn es sich bestätigt, an sich keine größere Bedeutung beizumessen sein. Wichtig wird es aber selbstverständlich dann, wenn die Gradminutenmeile in ihrer Eigenschaft als Landmeile mit Namen belegt wird, welche anderwärts für andere Meilen gebräuchlich sind (z. B. *Geographical mile* oder *Geometrical mile*), weil es dadurch zu schwerwiegenden Mißverständnissen kommen kann.

[**59**] (Zu S. 25).

Als solches Maß kommt also die *maritime league* oder *nautical league*, welche 3 *nautical miles* mißt, ebenso in Betracht, wie das *nautical cable* von $^1/_{10}$ *nautical mile* und das *nautical fathom* von $^1/_{100}$ *nautical cable*, wobei ein *nautical fathom* von 1854,7 mm um ein Geringes länger ist, als ein gewöhnliches (*common*) *fathom* von 1828,8 mm.

[**60**] (Zu S. 26).

Besonderer Dank gebührt allen denen, welche durch wertvolle Auskünfte, durch Bereitstellung von Photogrammen und durch ihre Hilfe bei der Beschaffung schwer zugänglicher Schriften die Durchführung der vorliegenden Untersuchung in entgegenkommendster Weise erleichtert und gefördert haben.

ZITIERTE SCHRIFTEN

Acts of the Parliaments of Scotland — Vol. I, Tabula Chronologica, Appendix III et V, London 1844, p. 297—319 et 353—390.

Act of the Dean of Guild Court, relative to weights and measures. — Prepared by Mr. Cleland &c., Glasgow 1821.

AIRY, GEORGE BIDDELL, Account of the Construction of the New National Standard of Length, and of its principal copies. — Philos. Transact. of the Royal Soc. of London, Vol. 147, London 1858, p. 621—702.

AIRY, WILFRID, On the Origin of the British Measures of Capacity, Weight and Length. — Proc. of the Institution of Civil Engineers, Vol. 177,3, London 1909, p. 164—176.

ALBERTI, HANS-JOACHIM VON, Maß und Gewicht. — Berlin 1957.

Ancient Laws and Institutes of England. — Ed. by Benjamin Thorpe, London 1840.

Ancient Laws and Institutes of Ireland. — Vol. III and IV, ed. by Thaddeus O'Mahony & Alexander George Richey, Dublin and London 1879.

Ancient Laws and Institutes of Wales. — Ed. by Aneurin Owen, London 1841.

Anglo-Saxon Chronicle according to the several original authorities. — Ed. with a translation by Benjamin Thorpe, Vol. I and II, London 1861.

ANONYMUS, A Cronycle of yeres from the begynnynge of the worlde &c. — Impr. by Wyllyam Myddylton, London 1544. — cf. Fordham 1928.

ARDEN-CLOSE, Sir CHARLES FREDERICK, Geographical By-Ways and some other Geographical Essays. — London 1947 (2. The Old English Mile, p. 12—22).

ARNOLD, RICHARD, The Customs of London, otherwise called Arnold's Chronicle &c. — Reprinted from the First edition with the additions included in the second, London 1811.

ATKINSON, RICHARD JOHN COPLAND, Stonehenge. — London 1956. Republished London, Melbourne, Baltimore 1960.

BAILY, FRANCIS, Report on the new Standard Scale of this Society. — Mem. of the Royal Astronomical Society. Vol. IX, London 1836, p. 35—184.

BEDA venerabilis, Historia ecclesiastica gentis Anglorum. — Rec. Josephus Stevenson, Londini 1838.

BEDE, The old English Version of Bede's Ecclesiastical History of the English People. — Ed. with a translation &c. by Thomas Miller, Part I, London 1890.

BERNDT, GEORG, und SCHULZ, H., Grundlagen und Geräte technischer Längenmessungen. — Berlin 1921; II. Aufl. Berlin 1929.

BERRIMAN, ALGERNON EDWARD, Historical Metrology. A new analysis of the archaeological and the historical evidence relating to weights and measures. — London 1953.

BIRCH, WALTER DE GRAY, Cartularium Saxonicum. A Collection of Charters relating to Anglo-Saxon History. — Vol. I, London 1885.

BLOUNT, THOMAS, Nomo-lexikon: A Law-Dictionary. — In the Savoy (London) 1670.

BRIGG, JOHN J., Some old West Riding Milestones, — Yorkshire Archaeol. Journ. Vol. XXII, Leeds 1913, p. 30—39.

British Museum, A Guide to the Exhibition illustrating Greek and Roman Life. — London 1908 (p. 151—152, Fig. 154).

BRÖNDSTED, JOHANNES, En himmerlandsk Tilflugtsborg. — Fra Nationalmuseets Arbejdsmark 1936. København 1936, S. 37—41.

Calendar of the Records of the Corporation of Gloucester. — cf. Stevenson.

Calendar of State Papers, Domestic Series, of the Reign of Charles I., 1633 — 1634. — London 1863. 56.

CARYSFORT, Lord, Report from the Committee, appointed to inquire into the original Standards of Weights and Measures in this Kingdom &c. — London 1758 & 1759 — cf. Reports, Vol. II, London 1803, p. 411 451 & 453—463.

CHANEY, HENRY JAMES, & D. ORSON WOOD, Measures and Weights (Scientific and Commercial). — Encyclopaedia Britannica. XIV. Edit., London & New York 1929, Vol. XV. 134—142.

CHISHOLM, HENRY WILLIAM, Seventh Annual Report of the Warden of the Standards on the Proceedings and Business of the Standard Weights and Measures Department of the Board of Trade. — [English Parliamentary Papers]. Reports from Commissioners. Vol. XXXVIII, London 1873. [2.] Weights and Measures, p. 319—445.

CHISHOLM, HENRY WILLIAM, On the Science of Weighing and Measuring, and Standards of Measure and Weight. — London 1877.

CLELAND — cf. Act of the Dean of Guild Court &c. — Glasgow 1821.

CLODE, CHARLES MATHEW, Memorials of the Guild of Merchant Taylors of the fraternity of St. John the Baptist in the City of London and of its associated charities and institutions. — London 1875.

CLOSE, SIR CHARLES, The Old English Mile. — Geogr. Journ., Vol. LXXVI, London 1930, p. 338—342.

COTTRILL, FRANK, The Westgate, Winchester. Notes on the Building and its Contents. — Winchester 1959.

COWELL, JOHN, The Interpreter: or Booke containing the signification of words &c. — Cambridge 1607.

COWELL, JOHN, Nomothetes: The Interpreter &c. — Second edition by Tho. Manley, London 1684.

CURWEN, ELIOT CECIL, The Archaeology of Sussex. — Second edition, London 1954.

DAVISON, CHARLES ST. CLAIR BUICK, Origin of the Foot-measure. Measures of length since the tower of Babel. — Engineering, London 1957, p. 418—421.

DAVISON, CHARLES ST. CLAIR BUICK, Landmarks in the History of Weighing and Measuring. — Read at the Science Museum, London 1958, p. 1—21.

DAVISON, CHARLES ST. CLAIR BUICK, Standards in the Metrology Collections, Science Museum. — M. S., London 1961.

DIO CASSIUS COCCEIANUS. Historia Romana. — Cum annotationibus Ludovici Dindorfi. Vol. III, Lipsiae 1864.

DIODORUS SICULUS, Bibliotheca Historica. — Ex rec. Ludovici Dindorfi. Vol. II, Lpisiae 1867.

DODSWORTH, ROGERUS, & DUGDALE, GULIELMUS, — cf. Monasticon Anglicanum Vol. I, II & III, Londini 1655, 1661 & 1673.

Domesday-Book seu liber censualis Willelmi Primi regis Angliae. — Vol. I & II, London 1783; Vol. III & IV, London 1816.

DU CANGE, CAROLUS DUFRESNE DOMINUS, Glossarium mediae et infimae latinitatis &c. — Dig. G. A. L. Henschel, Vol. I—VII, Parisiis 1840—1850.

DUGDALE, GULIELMUS &c. — cf. Monasticon Anglicanum. New Ed. Vol. I—VI, 3, London 1817—1830 (1846).

ELLIS, HENRY, A general introduction to Domesday Book. — Vol. I & II, London 1833.

Etymologicon Magnum. — Rec. Thomas Gaisford. Oxonii 1848.

FINEUS, ORONTIUS (= Oronce Finé), Protomathesis. — Parisiis 1532.

FORDHAM, Sir HERBERT GEORGE, The Earliest Tables of the Higways of England and Wales, 1541—61. — Transact. of the Bibliographical Society, New Ser., Vol. VIII, No. 1 (1927). In: The Library, Ser. IV, Vol. VIII, Oxford 1928, p. 349—354 — cf. Anonymus.

GRAHAM, GEORGE, An Account of a Comparison lately made by some Gentlemen, of the Royal Society, of the Standard of a Yard . . . with the Original Standards of Measure and Weights in the Exchequer etc. — Philos. Transact. of the Royal Soc. of London, Vol. XLII, London 1744, p. 541—556.

GROSSETESTE, ROBERT, Tretyce off Housbandry. — cf. Walter of Henley, Ed. 1890, p. 41—58.

GRUNDY, GEORGE BEARDOE, The old English mile and the Gallic league. — Geograph. Journ., Vol. XCI, London 1938, p. 251—259.

GUNTER, EDMUND, The description and use of the sector, cross-staff and other instruments. — London 1624.

GUNTER, EDMUND, The Works of that Famous Mathematician sometimes Professor of Astronomy in Gresham-Colledge London. — V. Edition by William Leyburn, London 1673.

HALLOCK, WILLIAM, & WADE, HERBERT TREADWELL, Outlines of Evolution of Weights and Measures, and the metric System. — London & New York 1906.

HANNERBERG, DAVID, Die älteren skandinavischen Ackermaße. Ein Versuch zu einer zusammenfassenden Theorie. — Lund Studies in Geography. Ser. B., Human Geography No. 12. Lund 1955, p. 1—45.

HARRISON, WILLIAM, An Historicall Description of the Iland of Britaine &c. — In: Holinshed, Raphael, The Historie of England, London 1577.

HATT, GUDMUND, Landbrug i Danmarks Oldtid. — Köbenhavn 1937.

HENLEY, — cf. Walter of Henley.

HIGDEN, RANULPHUS, Polychronicon. — Ed. by Churchill Babington, Vol. II, London 1869.

HOLINSHED, RAPHAEL, The Chronicles of England. — London 1577.

HOVEDEN, ROGERUS DE, Chronica, i. e. Historia Anglorum sive Saxonum post venerabilem Bedam. — Ed. William Stubbs, Vol. I—IV, London 1868—1871.

HULTSCH, FRIDERICUS, Metrologicorum scriptorum reliquiae. — Vol. II, Lipsiae 1866.

INGULFUS CROYLANDENSIS (= Pseudo-Ingulfus), Historia. — Ed. Jo. Fell, Oxoniae 1684.

ISO (= International Organization for Standardization), Fundamental Quantities and Units of the MKSA System and Quantities and Units of Space and Time (= Recommendation R 31, Pt. I). — Herausgegeben vom Amt f. Standardisierung d. DDR, als Studienmaterial Heft 40, Berlin 1956.

Itineraria Romana. Vetera Romanorum Itineraria sive Antonini Augusti Itinerarium etc. — Cur. Petro Wesselingio, Amstelodami 1735 (Iter Britanniarum, p. 463—486).

JACKSON, LOWIS D'AGUILAR, Modern Metrology. A Manual of the Metrical Units and Systems of the Present Century. — London 1882, p. 1—449.

KARSLAKE, JOHN BURGESS PRESTON, Silchester and its relations to pre-Roman civilization of Gaul. — Proc. of the Society of Antiquaries of London. II. Ser., Vol. XXXII, London 1920, p. 185—201.

KARSLAKE, JOHN BURGESS PRESTON, Further notes on the Old English Mile. — Geograph. Journ., Vol. LXXVII, London 1931, p. 358—360.

KELLY, PATRICK, Metrology; or an exposition of weights and measures, chiefly those of Great Britain and France. — London 1816.

KELLY, PATRICK, The universal Cambist and Commercial Instructor. — Second edition, London 1821.

KEMBLE, JOHN MITCHELL, The Saxons in England. — London 1849; new edit. revised by Walter de Gray Birch. London 1876.

KRETSCHMER, KONRAD, Die italienischen Portolane des Mittelalters. Ein Beitrag zur Geschichte der Kartographie und Nautik. — In: Veröff. d. Inst. f. Meeresk. u. d. Geogr. Inst. a. d. Univ. Berlin, Heft 13. Berlin 1909.

LELAND, JOHN, Itinerary in England and Wales in or about the years 1535–1543. — Ed. by Lucy Toulmin Smith, (Part. I–XI) Vol. I–V, London 1906 bis 1910.

LELEWEL, JOACHIM, Historische Kunde über die Längenmaße der Alten. — Übers. v. Karl Neu, Leipzig 1836.

LIEBERMANN, FELIX, Die Gesetze der Angelsachsen. — Bd. I–III, Halle a. S. 1903–1916.

London Museum, London in Roman Times. — London Museum Catalogues No. 3. Ed. by R. E. M. Wheeler, London 1930 (p. 83–84, fig. 20).

MACHABEY, ARMAND, Les sources historiques de la Métrologie. — Revue de Métrologie pratique et légale. 30. Année, 2e série, Tome XII, Paris 1952, p. 165–180.

MAITLAND, FREDERIC WILLIAM, Domesday Book and Beyond. Three essays in the early History of England. — Cambridge 1897 (3. The Hide, p. 357–520).

MCCAW, GEORGE TYRRELL, Linear Units, Old and New. — Empire Survey Review, Vol. V, London 1939, p. 236–259.

MEITZEN, AUGUST, Siedelung und Agrarwesen der Westgermanen und Ostgermanen, der Kelten, Römer, Finnen und Slawen. — Bd. I & II, Berlin 1895.

METTE, HANS JOACHIM, Pytheas von Massalia. — Lietzmann's Kleine Texte, Bd. 173, Berlin 1952.

Monasticon Anglicanum [sive Pandectae Coenobiorum &c.] — Per Rogerum Dodsworth et Gulielmum Dugdale. Vol. II, Londini 1661.

Monasticon Anglicanum. A History of the Abbies and other Monasteries &c. in England and Wales — New ed. by John Caley, Henry Ellis & Bulkeley Bandinch. Vol. III, London 1821; Vol. VI, pt. 2, London 1846.

MORGAN, AUGUSTUS DE (= Anonymus), Chain, League, Mile. — In: Penny Cyclopaedia VI, 1836. 462; XIII, 1839. 375–376; XV, 1839. 210–213.

MORGAN, JAMES F., England under the Norman Occupation. — Leipzig, London & Edinburgh 1858.

NICHOLSON, EDWARD, Men and Measures. A History of Weights and Measures ancient and modern. — London 1912/1917.

NICOLAUS GERMANUS, Claudii Ptolemaei viri Alexandrini cosmographia. — Vlme (Ulmae) 1482 (& 1486).

NORDEN, JOHN, The Surveiors Dialogue. — Newly imprinted. London 1610.

NORWOOD, RICHARD, The Sea-mans Practise containing a fundamentall Probleme in Navigation, experimentally verified. — London 1637.

OGILBY, JOHN, & MORGAN, WILLIAM, Pocket Book of the Roads with their Computed and Measured Distances &c. — IVth Impr. by William Morgan, London 1689.

PAPIAS [LOMBARDUS] vocabulista, [Vocabularium s. Elementarium doctrinae rudimentum]. — Impressum per Philippum de pincis Mantuanum, Venetiis 1496.

Penny Cyclopaedia of the Society for the Diffusion of Useful Knowledge. — Vol. I—XXX. London 1833—1858. — cf. de Morgan.

PETRIE, WILLIAM MATHEW FLINDERS, Inductive Metrology, or the recovery of ancient measures from the monuments. — London (1877).

PETRIE, WILLIAM MATHEW FLINDERS, The Old English Mile. — Proc. Roy. Soc. of Edinburgh, Vol. XII, Edinburgh 1883/1884, p. 254—266.

PETRIE, WILLIAM MATHEW FLINDERS, Weights and Measures. — Encyclopaedia Britannica. IX. Edit., Edinburgh, Vol. XXIV, 1888, p. 478—491.

PETRIE, WILLIAM MATHEW FLINDERS, Kt., Measures and Weights. - London 1934.

PIGGOTT, STUART, Recent work at Stonehenge. — Antiquity, Vol. XXVIII. Newbury Berks. 1954, p. 221—224.

PLOT, ROBERT, The Natural History of Oxfordshire &c. — Oxford 1677.

PRELL, HEINRICH, Die Stadienmaße des klassischen Altertums in ihren wechselseitigen Beziehungen. — Wiss. Zeitschr. d. Techn. Hochsch. Dresden, Bd. VI, Dresden 1957, S. 549—563.

PRELL, HEINRICH, Die Vorstellungen des Altertums von der Erdumfangslänge. — Abh. d. Sächs. Akad. d. Wiss., Math.-Naturw. Klasse, Bd. XLVI, Berlin 1959, H. 1, S. 3—94.

PRELL, HEINRICH, Die Schwarzen Ellen der Araber. — Zeitschr. d. Deutschen Morgenländ. Gesellschaft, Bd. CX (N. F. Bd. XXXV), Wiesbaden 1960, S. 26—42.

PYTHEAS MASSILIENSIS — cf. Mette.

REISCH, GREGORIUS, Margarita philosophica, cum additionibus novis: ab auctore suo studiosissima revisione quarto super additis. — Basileae 1517.

Reports from the Committees of the House of Commons. — Reprinted by Order of the House. Vol. II. Miscellaneous Subjects (1738—1765). London 1803. — cf. Carysfort.

RUFFHEAD, OWEN, The Statutes at Large. — London, Vol. I, 1769; II, 1770.

SCHMOLLER, GUSTAV, Die Verwaltung des Maß- und Gewichtswesens im Mittelalter. — Jahrb. f. Gesetzgebung, Verwaltung und Volkswirtschaft, Jg. XVII. Leipzig 1893, S. 289—309.

SEEBOHM, FREDERIC, Customary Acres and their Historical Importance. — A series of unfinished essays, edited by Hugh E. Seebohm. London 1914 (The Old British Mile, p. 79—93).

SELLER, JOHN, Practical Navigation, or an Introduction to the Whole Art. — V. Ed. London 1683.

SHEPPARD, JOSEPH BRIGSTOCKE, Second Report on Historical MSS. belonging to the Dean and Chapter of Canterbury. — In: Eighth Report of the Royal Commission on Historical Manuscripts. Appendix (Part I) London 1881. p. 315—355.

SKENAEUS, JOANNES, Regiam Majestatem Scotiae veteres leges et constitutiones, ex archiviis publicis et antiquis libris manuscriptis collectae &c. — Edinburgi 1609.

SKINNER, FREDERICK GEORGE, European Weights and Measures derived from Ancient Standards of the Middle East. — Arch. Internat. d'Histoire des Sciences (N. S. d'Archeion) IVe Ann. (Tome XXX) Paris 1951, p. 933—951.

SKINNER, FREDERICK GEORGE, The English Yard and Pound Weight. — Bull. of the Brit. Soc. for the Hist. of Science, Vol. I, No. 7, London 1952, p. 179—187.

SPELMANNUS, HENRICUS, Glossarium archaiologicum. — Londini 1637.

Statutes at Large. — Ed. by Owen Ruffhead. London, Vol. I, 1769; II, 1770.

Statutes at Large. — cf. Statutes of the United Kingdom.

Statutes, The Public General, passed in the LI. & LII. Year of the Reign of H. M. Queen Victoria 1878. — London 1878.

Statutes of the Realm. — Vol. I, (London) 1810; Vol. IV, 2, (London) 1819.

Statutes of the United Kingdom of Great Britain and Ireland. — Ed. by (Thomas Edlyn Tomlins), John Raithby, Charles Dacres Bevan & George Kettilby Rickards. London, Vol. IX, 1824; Vol. XXII. Pt. II, 1855; Vol. XXVII, Pt. II, 1866.

STEGER, ERNST, Untersuchungen über italienische Seekarten des Mittelalters auf Grund der kartometrischen Methode. — Inaug. Diss. d. Philos. Fak. d. Georg-Augusts-Univ. zu Göttingen. Göttingen 1896.

STEVENSON, WILLIAM HENRY, Calendar of the Records of the Corporation of Gloucester. — Gloucester 1893.

THORPE, BENJAMIN, Ancient Laws and Institutes of England. — London 1840.

THORPE, BENJAMIN, Anglo-Saxon Chronicle. — Vol. I & II, London 1861.

WAGNER, HERMANN, Das Rätsel der Kompaßkarten im Lichte der Gesamtentwickelung der Seekarten. Verhand. d. XI. Deutsch. Geographentages zu Bremen 1895. Berlin 1896, 65—87.

WAGNER, HERMANN, Zur Geschichte der Seemeile. — Annalen d. Hydrographie und Maritimen Meteorologie. Zeitschrift für Seefahrt- und Meereskunde. 41. Jg., Berlin 1913, S. 393—413, 441—450.

WALTER OF HENLEY, Husbandry. — Ed. by Elizabeth Lamond, Introduction by William Cunningham, London and New York 1890.

WILKINS, DAVID, Leges Anglo-Saxonicae Ecclesiasticae et Civiles. — Londini 1721.

WILLELMUS MALMESBIRIENSIS, De gestis regum Anglorum libri quinque. — Ed. by William Stubbs, Vol. II, London 1889.

WILLELMUS BOTONER DICT. DE WORCESTRE, Itinerarium, sive Liber Rerum Memorabilium. — In: Itineraria Symonis Simeonis et Willelmi de Worcestre. Ed. Jacobus Nasmith, Cantabrigiae 1778, p. 75—378.

AUTORENVERZEICHNIS

Fortsetzung von der 2. Umschlagseite

Heft 4 Prof. Dr. ALBERT FROMME / Die Bedeutung der Entwicklungsgeschichte, besonders des Mesenchyms für die Klinik 24 Seiten — 8° — 1952 — DM 1,75 *(vergriffen)*

Heft 5 Dr. ROBERT BÖKER / Die Entstehung der Sternsphäre Arats 68 Seiten — 4 Abbildungen — 2 Falttafeln — 3 Tabellen — 8° — 1952 — DM 5,60

Band 100

Heft 1 Prof. Dr. HEINRICH BRANDT / Über Stammfaktoren bei ternären quadratischen Formen 24 Seiten — 8° — 1952 — DM 2,25

Heft 2 Dr. PAUL GÜNTHER / Zur Gültigkeit des Huygens'schen Prinzips bei partiellen Differentialgleichungen vom normalen hyperbolischen Typus 43 Seiten — 8° — 1952 — DM 5,—

Heft 3 Dr. ALFRED MÜLLER / Die Schaubarkeit in der Axonometrie 22 Seiten — 3 Falttafeln — 8° — 1952 — DM 3,— *(vergriffen)*

Heft 4 Prof. Dr.-Ing. ENNO HEIDEBROEK / Die Beziehungen zwischen Härte, Schmierung und Verschleißfestigkeit Nachdruck — 40 Seiten — 10 Abbildungen — 8° — 1954 — DM 3,40

Heft 5 Prof. Dr. ROBERT SCHRÖDER / Frauenheilkunde in Forschung und Praxis 22 Seiten — 8° — 1952 — DM 1,35

Heft 6 Dr. ROLF REISSIG / Die pandiagonalen Quadrate vierter Ordnung 54 Seiten — 8° — 1952 — DM 5,—

Heft 7 Prof. Dr. MAX ROBITZSCH / Die Erforschung der Atmosphäre, ihre Methodik und ihre Probleme 30 Seiten — 12 Abbildungen — 4 Kunstdrucktafeln — 8° — 1953 — DM 2,50

Band 101

Heft 1 Prof. Dr. KURT SCHWABE / Periodische Erscheinungen bei der anodischen Auflösung des Zinks 33 Seiten — 14 Abbildungen — 8° — 1954 — DM 3,—

Heft 2 Dr. UDO PIRL / Positive Lösungen einer nichtlinearen Integralgleichung 44 Seiten — 2 Abbildungen — 8° — 1953 — DM 4,—

Heft 3 Dr. JOACHIM FOCKE / Asymptotische Entwicklungen mittels der Methode der stationären Phase 2. unveränderte Auflage — 48 Seiten — 8° — 1957 — DM 4,80 *(vergriffen)*

Heft 4 Prof. Dr. HANS SALIÉ / Zur Verteilung natürlicher Zahlen auf elementfremde Klassen 26 Seiten — 8° — 1954 — DM 2,50 *(vergriffen)*

Heft 5 Prof. Dr.-Ing. ENNO HEIDEBROEK / Die Verantwortlichkeit des Ingenieurs 22 Seiten — 8° — 1954 — DM 1,— *(vergriffen)*

Heft 6 Prof. Dr. HANS SCHUBERT / Dr. ERICH SCHINCKE / Zur Ermittlung von Unterschallströmungen mit der Transformationsmethode bei quadratischer Approximation der Adiabate 32 Seiten — 6 Abbildungen — 2 Tabellen — 8° — 1955 — DM 2,30

Heft 7 Dr. HELMUT SCHAEFER / Neue Existenzsätze in der Theorie nichtlinearer Integralgleichungen 40 Seiten — 8° — 1955 — DM 2,40

Band 102

Heft 1 Dr. PAUL GÜNTHER / Über einige spezielle Probleme aus der Theorie der linearen partiellen Differentialgleichungen zweiter Ordnung 50 Seiten — 8° — 1957 — DM 4,60 *(vergriffen)*

Heft 2 Prof. Dr. HANS SCHUBERT / Dr. ERICH SCHINCKE / Zum Konturproblem der Hodographenmethode im Unterschall 25 Seiten — 8° — 1957 — DM 2,20

Heft 3 Prof. Dr. FRANZ RUNGE / Über die Polymerisation ungesättigter organischer Verbindungen 13 Seiten — 1 Tabelle — 8° — 1957 — DM 1,—

Heft 4 Dr. VICTOR VÂLCOVICI / Une extension des liaisons non holonomes et des principes variationnels 39 Seiten — 8° — 1958 — DM 2,40

Heft 5 Dr. ROLF KLÖTZLER / Beiträge zur Theorie mehrdimensionaler Variationsprobleme mit geknickten Extremalen 72 Seiten — 8° — 1958 — DM 4,30

Heft 6 Prof. Dr. PAULA HERTWIG / Strahlenschäden und Strahlenschutz im zellulären Bereich. 43 Seiten — 14 Abbildungen — 6 Tabellen — 4 Tafeln — 8° — 1957 — DM 2,—

Heft 7 Prof. Dr. WILHELM TREIBS / Entwicklungslinien der organischen Chemie 25 Seiten — 8° — 1957 — DM 1,40

Band 103

Heft 1 Prof. Dr. GEORG SPACKELER / Über die Möglichkeit einer Lieferung von Magnesiumsulfat als Düngemittel seitens des Kalibergbaus der Deutschen Demokratischen Republik
Prof. Dr. ANTON ARLAND / Magnesium im Landbau
38 Seiten — 1 Abbildung — 2 Landkarten — 8° — 1958 — DM 1,90

Heft 2 Prof. Dr. HEINRICH BREDT / Über den Tod. Eine naturwissenschaftliche Betrachtung 26 Seiten — 8° — 1958 — DM 1,10 *(vergriffen)*

Heft 3 Dr. HANS WUSSING / Über Einbettungen endlicher Gruppen 38 Seiten — 8° — 1958 — DM 2,50

Heft 4 Prof. Dr. ERNST NEEF / Über die Veränderlichkeit unserer geographischen Umwelt 19 Seiten — 8° — 1959 — DM 1,20

Heft 5 Prof. Dr. WOLFGANG LANGENBECK / Zur Biochemie der Spurenmetalle. Mit Diskussionsbeiträgen 16 Seiten — 4 Tabellen — 8° — 1959 — DM 1,—

Heft 6 Prof. Dr. HANS SCHUBERT / Dr. ERICH SCHINCKE / Die Berechnung einer zirkulationslosen Unterschallströmung um den Kreiszylinder mit der Hodographenmethode 42 Seiten — 12 Abbildungen — 4 Tabellen — 8° — 1959 — DM 4,20

Heft 7 Prof. Dr. PAULA HERTWIG / Anpassung, Vererbung und Evolution 35 Seiten — 14 Abbildungen — 8° — 1959 — DM 3,20

Band 104

Heft 1 Prof. Dr. KARL SCHMALFUSS / Über das Ausmaß der biologischen Bindung des elementaren Stickstoffs. Der Einfluß assimilierbarer Stickstoffverbindungen 19 Seiten — 2 Abbildungen — 6 Tabellen — 8° — 1960 — DM 1,35

Heft 2 Prof. Dr. ANTON LISSNER / Charakteristische Eigenschaften der Braunkohlen 20 Seiten — 10 Abbildungen — 3 Tabellen — 8° — 1960 — DM 2,—

Heft 3 Prof. Dr. FRITZ STATHER / Zur Charakteristik pflanzlicher und synthetischer Gerbstoffe und deren kombinierte Verwendung bei der Gerbung 19 Seiten — 8° — 1960 — DM 1,10

Heft 4 Prof. Dr. HEINRICH PRELL / Bemerkungen zur Geschichte der englischen Längenmaßsysteme Vorliegendes Heft

Heft 5 Prof. Dr. OTT'HEINRICH KELLER / Zur Berechnung des Galoisschen Körpers und der Galoisschen Gruppe einer Gleichung in erträglich vielen Schritten 23 Seiten — 8° — 1961 — DM 2,—

Heft 6 Dr. ROLF KLÖTZLER / Die Konstruktion geodätischer Felder im Großen in der Variationsrechnung mehrfacher Integrale 84 Seiten — 1 Abbildung — 8° — 1961 — DM 7,—

Heft 7 Prof. Dr. ARTHUR SIMON / Gitteraufbau und Katalyse bei der Gasentschwefelung 21 Seiten — 12 Abbildungen — 8° — 1961 — DM 2,10

Band 105

Heft 1 Prof. Dr.-Ing. FRITZ OBENAUS / An der Grenze zwischen Hochspannungstechnik und Physik 19 Seiten — 10 Abbildungen — 8° — 1961 — DM 2,40

Vor 1945 erschienene Berichte antiquarisch durch den Akademie-Verlag, Berlin zum Teil noch lieferbar

AKADEMIE-VERLAG · BERLIN